U0857243

国家科学技术学术著作出版基金

动态光学

王志坚　王鹏　刘泉　著

国防工业出版社

·北京·

内 容 简 介

本书总结了作者多年从事光学工程学科教学和科研工作的成果，建立了一套动态光学理论。从普遍情况入手推导出适用于所有光学系统和元件的公式，并根据具体情况将公式简化，力求工程化、表格化，便于读者掌握。

第1章是本书的基础，讲述光学系统及元件动态下物、像共轭理论；第2章光学系统及元件动态成像特性；第3章扫描、扫瞄和模拟光学系统；第4章稳像光学系统；第5章应用动态光学理论导出的航天、航空相机像移补偿公式；第6章变焦激光照射系统；第7章动态光学在光学系统加工、装配中的应用。

本书的宗旨是为光学工程学科的学生和工程技术人员提供方案论证和设计的基本理论、先进技术和最新方法。

图书在版编目(CIP)数据

动态光学/王志坚，王鹏，刘泉著. —北京：国防工业出版社，2015.12

ISBN 978-7-118-10399-1

Ⅰ.①动… Ⅱ.①王… ②王… ③刘… Ⅲ.①光学系统-研究 Ⅳ.①O43

中国版本图书馆 CIP 数据核字(2015)第276336号

※

国防工業出版社出版发行

(北京市海淀区紫竹院南路23号 邮政编码100048)

北京嘉恒彩色印刷有限责任公司

新华书店经售

*

开本 880×1230 1/32 插页 6 印张 $4\frac{7}{8}$ 字数 133 千字

2015年12月第1版第1次印刷 印数1—2000册 定价48.00元

(本书如有印装错误，我社负责调换)

国防书店：(010)88540777 发行邮购：(010)88540776

发行传真：(010)88540755 发行业务：(010)88540717

谨以本书纪念先慈严振英女士诞辰100周年

——王志坚

序1

Preface 1

眼睛是人类了解和认识客观世界的感觉器官，人们所获得的信息量的70%来自于视觉。眼睛是天然的“光学仪器”，而光学仪器也往往起到“眼睛”的作用，当前已达到了“千里眼”“万里眼”的水平。卫星上的相机可获得地面目标的清晰图像，并通过激光通信等方式高速传输到地面，其工作距离已达“万里”级。卫星上的相机正朝着宽光谱、大视场、高分辨率方向发展。所以能取得这样高速的进展，是由于20世纪下半叶电子学所取得的一系列突破性的成就；激光和电视的问世，光学和电子学的密切结合，从而推动了光学发生了革命性的变化。如果说20世纪人类社会处在电子时代，那么迈入21世纪，就进入了光子或光电子时代，即信息时代。

光电技术在国民经济和国防建设中应用广泛；作用重要，潜力巨大。但在应用中，往往会遇到一个普遍性的需求：“动态”工作。卫星是在运转过程中动态拍摄地面目标，从而会影响图像的清晰度；坦克、舰艇上的火炮，需在前进过程中，在颠簸、摇晃的动基座条件下进行“动态”瞄准，从而会影响武器的命中精度，这些问题不能由通常的光学理论解释和解决，因此需向光学这门古老的学科输入新鲜血液，形成新的领域，这就是“动态光学”。应用动态光学的稳像和像移补偿技术，可以保证动态拍摄图像的清晰度，也是动态瞄准的基础，“动态光学”是光电技术发展和扩展应用的技术关键与技术基础。

要应用动态光学理论解释动态工作中的现象，用动态光学技术解决动态工作的问题，首先需掌握“动态光学”的基本理论。因此，当务之急是出版一本比较系统、完整地阐述“动态光学”基本理论与应用技术的专著。长春理工大学王志坚教授积50年教学和科研经验，根据工程需求，建立了一套较为完整的动态光学理论，写成了这本“动态光学”专著。本书从普遍规律入手，推导出适用于一切光学系统和元件的动态物、像共轭理论。在此基础上将动态光学理论应用到扫描（扫瞄）、模拟、稳像、变焦等光学系统；给出了航天、航空相机的像移补偿公式；将光学系统的装调及光学元件的加工视为动态过程予以讨论。本书数学推导严谨、内容新颖、翔实，密切联系实际，做到了工程化、表格化，便于读者掌握，具有很高的学术价值和应用价值，是学习动态光学的入门之作，是光学工程科研机构、使用单位技术人员和高等院校师生的一本很好的参考书。

中国科学院院士
中国运载火箭技术研究院

2015 年 6 月

序 2

Preface 2

光学是一门古老的学科,20 世纪激光和电视的问世,推动了其发展,并出现了光学工程一级学科。应用领域的不断扩大,要求光学工程方面书籍也要不断更新,反映出光学工程发展的新成就。

近些年来,航天航空和许多国防领域以及民用测试系统等,所用的光学仪器多数工作在动态(运动、振动、姿态变化等)环境中,因而要求光学系统具有稳像及跟瞄功能。

本书作者利用反映运动状态的旋转矩阵 $\boldsymbol{S}$ 和反映光学系统及与元件静态物像共轭关系的作用矩阵 $\boldsymbol{R}$(两者均为二阶张量),经严格的数学推导得出适用于6 个自由度运动(大角度、大位移)的通用动态光学系统物、像共轭关系式。并根据反对称张量特性将公式简化,利用作用矩阵 $\boldsymbol{R}$ 的特征根对应的特征矢量,推导出光学系统元部件的动态成像特性、稳像方程等,从而有效地解决了扫描(瞄)、跟踪、模拟、稳像等动态光学系统设计问题。

该书学术水平高、创新性强,书中给出的公式、方程等物理概念清晰、运算简单,并进行了工程化和图表化,便于读者掌握和运用。书中给出的可用于坦克、自行火炮、机载、舰载的稳像系统、空间激光通信、航天相机像移补偿公式等,均已在实践中得到验证。

国内外尚未见到系统论述动态光学系统物像共轭关系及工程应用的专著,本书中提出的理论和设计方法意义重大,具有实用价值,应用前景广阔,是从事光学工程学科的科技人员和大专院校师生很好的一本参考书。

中国工程院院士

姜会林

2015 年 12 月

前　言
Preface

21 世纪已进入信息时代,从光学角度看:1917 年爱因斯坦(Einstein)从量子理论预见了一种新光源的问世,1960 年美国查尔斯(Charles)研制出世界上第一台红宝石激光器,1961 年王之江研制出我国第一台红宝石激光器,我国在激光研究方面是和发达国家同时起步的;20 世纪 50 年代研制出了电视。这两者促使了现代光学的蓬勃发展。过去的光学仪器专业主要研究望远镜、显微镜和照相机,接收器件为眼睛和胶片。现在光学工程已发展成一级学科,光电信息工程专业是其中一个研究方向。接收器件已扩展到光电二极管(PIN)、雪崩二极管(APD)、电荷耦合器件(CCD)、互补金属氧化物半导体(CMOS)等。

光学系统和光电接收器件组合称为光学系统。光电系统的调制传递函数 MTF 及分辨率读者可参阅作者撰写的《光学工程原理》一书,本书重点讨论光学系统问题。随着科学技术的发展,对光学系统的性能指标不断提出新的要求。不但要求静态下成像清晰,而且要求在动态下维持良好的成像质量。

动态光学系统是指系统整体运动或系统中光学元件间有相互运动,如变焦系统、扫瞄跟踪系统、光学模拟系统、稳像系统等。这些系统中光学组元的运动往往是为了实现某种目的,如变焦镜头变倍组和补偿组相互移动是为了改变光学系统焦距且维持像面的稳定;扫瞄跟踪系统中扫瞄头的旋转是为了捕获、跟踪目标;光学模拟系统则是为了模拟活动景象;稳像系统则是由于光学系统装在运动载体上,载体的运动必然导致像的移动,从而使像变得模糊,为了维持图像的稳定、清晰,则要求组元间有相互运动。有些光学系统既要求扫瞄跟踪又要求稳像,则光学元件间的运动关系将更为复杂。

空间科学技术正突飞猛进的发展,其发展趋势是宽光谱、大视场、高分辨率，从而获取海量的信息。卫星上的航天相机，光谱范围从紫外、可见光、近红外、短波红外、中波红外到远波红外；视场也越来越大；分辨率接近衍射极限。为获取清晰的图像，保证曝光（积分）时间内像相对接收器件稳定，需进行像移补偿。运用动态光学理论可以得到概念清晰、运算简单的像移补偿公式；这些海量的图像信息是通过激光通信的方式从卫星传回地面的。为保证高速率，激光束的发散角应接近衍射极限，且稳定精度为微弧度级，也需应用动态光学的稳像技术。

目前，世界上武器技术水平正在迅速上升，未来战争将是高技术的，两伊战争已充分证明了这一点。武器的现代化，必然要求其“眼睛”——光学系统具有高性能。由于战争的立体化，是在运动进行的对抗。因此，要求光学系统具有良好的动态成像特性。美国研制的空中发射巡航导弹，采用相关系统，包括地形匹配、景象匹配等。景象匹配，是在事先用卫星或飞机测定地面目标微波辐射地图，将其存储在导弹计算机内，作战时弹上微波辐射计直接测定地面目标辐射，并与弹上存储的图像进行相关，控制导弹的飞行，弹着点偏差仅 1～10m。为实现上述制导方式，首先必须有目标的图像，在卫星或飞机拍摄过程中，免不了有随机振荡，当摄像机以小于 50Hz 的频率振动时，采用长焦镜头摄影会大大降低分辨率。例如，用焦距为 1000mm 的物镜，以 1/100s 的曝光时间拍摄，在振荡为 0.1°/s 的情况下，不可能得到分辨率高于 25 线对/mm 的照片，尽管其静态下分辨率高于 100 线对/mm。因此，卫星或飞机上的摄影机应当是稳像系统。活动载体（如潜艇）发射导弹，由于载体的随机振动和变形，必然引起发射角误差，解决的办法是瞄准镜采用稳像系统。又如现代化战争要求坦克和自行火炮在行进中瞄准射击，其瞄准镜也应是稳像系统，如德国“豹”Ⅱ、美国 M1、俄罗斯 T62 和我国三代改坦克等。

客观现实对光学系统的动态成像特性提出了新的要求，可是光学成像理论却没有跟上发展趋势。应用光学讲述的是光学系统静态成像理论，至今尚未见一本系统论述光学系统动态成像理论的著作发表。没有理论指导设计工作是难以想象的。稳像已成为世界各国光学工作者的重要研究课题，美国等发达国家每年均有稳像专利发布。可是，由于没有一套完整的光学稳像理论指导，出现的稳像光学系统多是设计者基于经典光学(应用光学),通过多次试验研制出来的。有的结构复杂,有的稳像效果差,有的顾此失彼。例如,液体双光楔稳像系统,对液体折射率要求特殊,动态下像差严重。美国威廉(William)设计的稳像光学系统水平较高,但也基本上是在一种棱镜或反射镜上做文章。我国所研制或设计的稳像光学系统也多是采用棱镜或反射镜。总之,光学稳像理论尚不成熟,没做到优化设计。因此,动态光学理论研究已是刻不容缓。

鉴于以上情况,本书首先在高斯光学范畴内探讨动态光学系统的物像共轭理论。指导思想是:理论推导科学、严谨,从普遍规律入手推导公式,即运动是六自由度的,公式适用于一切光学系统和元件。具体到某种实际系统,要力求工程化、表格化,便于读者掌握。工程化的公式可能很简单,但它是普遍公式中的特例,是由普遍公式简化而来的。如变焦系统实际上是一种稳像系统,光学元件的运动是一维大位移。又如大多数光学稳像系统运动是小角度转动,矩阵为反对称张量(等价于矢量),可用矢量运算法则,使运算大为简化,等等。同时,书中将动态的概念加以引申,从广义上加以理解。将光学调整视为动态过程,又将光学零件制造误差看成对标准尺寸或位置的动态偏离等。因此,书中的原理和公式尚适用于装配调整和光学零件误差分析。

为便于读者理解和验证,书中给出的光学系统实例均从 ZEMAX 中直接复制,所用玻璃均为中华人民共和国国标准《光学玻璃》GB 903—87 中的玻璃。

本书是作者多年来从事教学和科研工作的总结。由于水平有限,肯定有许多错误和不当之处,敬请读者批评指正。

作 者

2015.9

目　录

Contents

第1章

光学系统及元件动态下物、像共轭理论

1.1 光学系统及元件的作用矩阵

1.1.1 光学系统及元件的物、像空间坐标基底转换矩阵

应用光学中讲到共轴系统的物、像共轭理论,现将其扩展到点、线、面体。取物空间光轴上物点 O 和像点 O' 为原点,可建立物、像空间坐标。以 O 点为原点,建立一右手直角坐标 $Oxyz$,x 取入射光轴方向,yz 平面表示物平面。与其共轭的像空间坐标为 $O'x'y'z'$,显然 x' 为出射光轴方向,$y'z'$ 为像平面。设物空间有任意一点 A,它的位置用矢量 $\boldsymbol{A}=\boldsymbol{OA}$ 表示,则其像点 A' 的位置用矢量 $\boldsymbol{A}'=\boldsymbol{O'A'}$ 表示,由此可确定物、像空间任意物点和像点的共轭关系,从而确定了物体和像体的共轭关系。

由于物、像坐标是一对共轭坐标,所以首先讨论它们之间的关系。

应当指出,虽然物空间坐标 $Oxyz$ 一律取右手直角坐标系,但是随着光学系统成像性质不同,像坐标 $O'x'y'z'$ 可能为右手直角坐标,也可为左手直角坐标。

光焦度为零的光学系统,如平板玻璃、平面反射镜、棱镜、望远系统等,当它们位于平行光路中时,物、像均在无限远。这时,人们关心的不是物、像的位置共轭关系,而是方向共轭关系。O 点和 O' 点可取光轴上任意一点,物、像坐标可沿光轴任意移动,物、像矢量为自由矢量,这并不影响对问题的分析。此时,物、像坐标可分别用 xyz 和 $x'y'z'$ 表示。

设物空间坐标 $Oxyz$ 三个轴的基底分别为 i,j,k，像空间坐标 $O'x'y'z'$ 三个轴的基底分别为 i',j',k'，两者关系为

$$(i',j',k') = (i,k,k)\boldsymbol{R}_o \tag{1-1}$$

式中：$\boldsymbol{R}_o$ 为物、像空间坐标的基底转换矩阵。它由物、像坐标很易求得，即

$$\boldsymbol{R}_o = \begin{bmatrix} \cos(x,x') & \cos(x,y') & \cos(x,z') \\ \cos(y,x') & \cos(y,y') & \cos(y,z') \\ \cos(z,x') & \cos(z,y') & \cos(z,z') \end{bmatrix} \tag{1-2}$$

1. 透镜和平板玻璃的物、像坐标基底转换矩阵

1）成正像的透镜及平板玻璃

$$\boldsymbol{R}_o = \begin{bmatrix} 1 & 0 & 0 \\ 0 & 1 & 0 \\ 0 & 0 & 1 \end{bmatrix} = \boldsymbol{E}$$

2）成倒像的透镜

$$\boldsymbol{R}_o = \begin{bmatrix} 1 & 0 & 0 \\ 0 & -1 & 0 \\ 0 & 0 & -1 \end{bmatrix}$$

2. 平面镜及棱镜系统物、像坐标基底转换矩阵

1）法线共面的平面镜、棱镜系统

表 1－1 列出此类光学系统的物、像坐标基底转换矩阵。表中 t 为反射次数、β 为光轴折转角度。在图面上，入射光轴逆时针转向出射光轴为正，反之为负。

表 1－1　法线共面的平面镜、棱镜系统物、像坐标基底转换矩阵

反射次数 t	非屋脊平面镜、棱镜系统	屋脊平面镜、棱镜系统
奇数	$\boldsymbol{R}_o = \begin{bmatrix} \cos\beta & \sin\beta & 0 \\ \sin\beta & -\cos\beta & 0 \\ 0 & 0 & 1 \end{bmatrix}$	$\boldsymbol{R}_o = \begin{bmatrix} \cos\beta & -\sin\beta & 0 \\ \sin\beta & \cos\beta & 0 \\ 0 & 0 & -1 \end{bmatrix}$
偶数	$\boldsymbol{R}_o = \begin{bmatrix} \cos\beta & -\sin\beta & 0 \\ \sin\beta & \cos\beta & 0 \\ 0 & 0 & 1 \end{bmatrix}$	$\boldsymbol{R}_o = \begin{bmatrix} \cos\beta & \sin\beta & 0 \\ \sin\beta & -\cos\beta & 0 \\ 0 & 0 & -1 \end{bmatrix}$

2）空间棱镜的物、像坐标基底转换矩阵空间

空间棱镜的物、像坐标基底转换矩阵可按表 1－2 求得，表中正负号的选取及β角的正负号与棱镜在图面放置的位置有关。详见国家标准《反射棱镜》GB 7660. 1 ~ 7660. 3. —87。

表 1－2　空间棱镜系统

$K_1-90°-\beta$ 型棱镜	$K\,\mathrm{II}_J-90°-\beta$ 型棱镜
$\boldsymbol{R}_o=\begin{bmatrix}0 & \pm1 & 0\\ \cos\beta & 0 & \sin\beta\\ \sin\beta & 0 & -\cos\beta\end{bmatrix}$	$\boldsymbol{R}_o=\begin{bmatrix}0 & \mp1 & 0\\ \cos\beta & 0 & \sin\beta\\ \sin\beta & 0 & -\cos\beta\end{bmatrix}$

3. 只有透镜组成的望远系统物、像坐标基底转换矩阵

视放大率$\boldsymbol{\Gamma}$为正时：

$$\boldsymbol{R}_o=\boldsymbol{E}=\begin{bmatrix}1 & 0 & 0\\ 0 & 1 & 0\\ 0 & 0 & 1\end{bmatrix}$$

视放大率$\boldsymbol{\Gamma}$为负时：

$$\boldsymbol{R}_o=\begin{bmatrix}1 & 0 & 1\\ 0 & -1 & 0\\ 0 & 0 & -1\end{bmatrix}$$

1.1.2　物像空间坐标内物、像矢量的倍率矩阵

基底转换矩阵反映了物、像的方向共轭关系。为反映其倍率关系引入倍率矩阵。

物空间任一点A的位置，可用矢量$\boldsymbol{A}=\boldsymbol{OA}$表示，$O$为物空间坐标原点，$\boldsymbol{A}$称为物矢量。它在物空间坐标$Oxyz$三个轴上投影分别为$A_x$、$A_y$、$A_z$。像空间与$A$点共轭的像点是$A'$，$\boldsymbol{A}'=\boldsymbol{O'A'}$，$\boldsymbol{A}'$是物矢量$\boldsymbol{A}$的共轭矢量，即像矢量。$\boldsymbol{A}'$在像空间坐标$O'x'y'z'$三个轴上投影分别为$A'_{x'}$、$A'_{y'}$、$A'_{z'}$，两者关系为

$$\begin{bmatrix}A'_{x'}\\ A'_{y'}\\ A'_{z'}\end{bmatrix}=\boldsymbol{B}\begin{bmatrix}A_x\\ A_y\\ A_z\end{bmatrix}\qquad(1-3)$$

式中:$\boldsymbol{B}$ 为物、像空间坐标内物、像矢量倍率矩阵,其值取决于系统的放大倍率。

1. 透镜系统的倍率矩阵

设 O 为轴上物点,O'为轴上像点,分别以 O 及 O'为坐标原点得物坐标 $Oxyz$ 和像坐标 $O'x'y'z'$,两者方向共轭。物空间一点 A 通过光学系统成像后在像空间 A'点与之共轭,由前面讲的物、像空间基底坐标的共轭关系及理想光学系统的物像关系,有(图 1-1)

$$\begin{cases} A'_{x'} = \alpha A_x \\ A'_{y'} = |\beta_A| A_y \\ A'_{z'} = |\beta_A| A_z \end{cases} \tag{1-4}$$

式中:α 为纵向(沿轴)放大倍率;$|\beta_A|$为 A 点的横向(垂轴)放大倍率的绝对值。

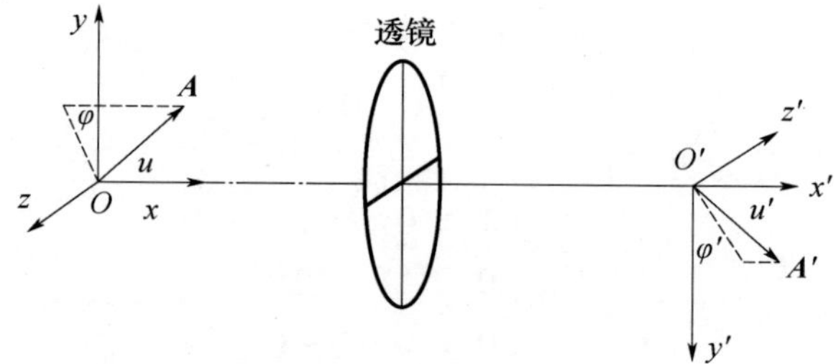

图 1-1 物体在有限距离时透镜物、像共轭关系

由几何光学中的高斯成像公式,得

$$\begin{cases} \dfrac{1}{l'_A} - \dfrac{1}{l_A} = \dfrac{1}{f'} \\ \dfrac{1}{l'_o} - \dfrac{1}{l_o} = \dfrac{1}{f'} \end{cases}$$

将上面两式相减,整理,得

$$\alpha = \frac{l'_A - l'_o}{l_A - l_o} = \frac{l'_A l'_o}{l_A l_o} = \beta_o \beta_A \tag{1-5}$$

式中:β_o 为坐标原点处的横向放大倍率。

将式(1-5)代入式(1-4),得

$$\begin{cases} A'_{x'} = \beta_o \beta_A A_x \\ A'_{y'} = |\beta_A| A_y \\ A'_{z'} = |\beta_A| A_y \end{cases} \tag{1-6}$$

将式(1-6)化为矩阵形式,得

$$\begin{bmatrix} A'_{x'} \\ A'_{y'} \\ A'_{x'} \end{bmatrix} = \begin{bmatrix} \beta_o \beta_A & 0 & 0 \\ 0 & |\beta_A| & 0 \\ 0 & 0 & |\beta_A| \end{bmatrix} \begin{bmatrix} A_x \\ A_y \\ A_z \end{bmatrix} \tag{1-7}$$

即

$$\boldsymbol{A}' = \boldsymbol{BA} \tag{1-8}$$

式中

$$\boldsymbol{B} = \begin{bmatrix} \beta_o \beta_A & 0 & 0 \\ 0 & |\beta_A| & 0 \\ 0 & 0 & |\beta_A| \end{bmatrix} \tag{1-9}$$

当 A 点在 yz 平面内时,有

$$\boldsymbol{B} = \begin{bmatrix} \beta_o^2 & 0 & 0 \\ 0 & |\beta_o| & 0 \\ 0 & 0 & |\beta_o| \end{bmatrix} \tag{1-10}$$

若物体在无限远,有

$$\boldsymbol{B} = \begin{bmatrix} 0 & 0 & 0 \\ 0 & |f'| & 0 \\ 0 & 0 & |f'| \end{bmatrix} \tag{1-11}$$

物体在无限远的透镜物、像共轭关系如图 1-2 所示。

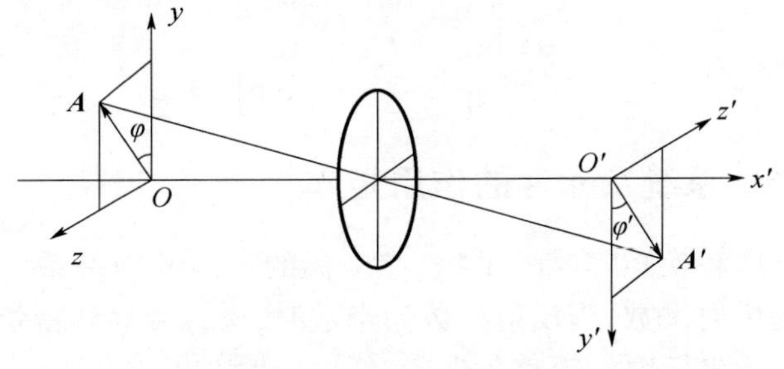

图 1-2　物体在无限远时透镜物、像共轭关系

2. 平面镜、棱镜系统及放大倍率绝对值为 1 的光学系统的倍率矩阵

此类系统的倍率矩阵为

$$\boldsymbol{B}=\boldsymbol{E}=\begin{bmatrix}1&0&0\\0&1&0\\0&0&1\end{bmatrix} \tag{1-12}$$

3. 望远系统的倍率矩阵

望远系统物、像均在无限远,重点讨论的不是物、像的位置共轭关系,而是方向共轭关系。物、像坐标基底转换矩阵仅反映物、像坐标的方向共轭关系,对于视放大倍率绝对值不为 1 的望远系统,人们关心的不是像的大小,而是光束方向变化,即角放大率。望远系统的特点是无论物体放在何处,角放大率 γ 恒等于视放大率 Γ,激光束的扩束、准直就是利用这一点。又知,空气中 $\beta=\dfrac{1}{\gamma}$,故

$$\gamma=\Gamma=\frac{\tan\omega'}{\tan\omega};\beta=\frac{1}{\Gamma}=\frac{\tan\omega}{\tan\omega'}$$

从而

$$\boldsymbol{B}=\begin{bmatrix}1&0&0\\0&\left|\dfrac{1}{\Gamma}\right|&0\\0&0&\left|\dfrac{1}{\Gamma}\right|\end{bmatrix} \tag{1-13}$$

即角放大率矩阵为

$$\boldsymbol{\gamma}=\begin{bmatrix}1&0&0\\0&|\Gamma|&0\\0&0&|\Gamma|\end{bmatrix} \tag{1-14}$$

1.1.3 光学系统及元件的作用矩阵

坐标基底转换矩阵反映了物、像坐标的方向共轭关系。它取决于光学系统的反射次数,当反射次数为奇数时,坐标基底转换矩阵行列式的值为 -1,物坐标取右手直角坐标,像坐标取左手直角坐标,为镜像变换;当反射次数为偶数时,坐标基底转换矩阵行列式的值为 1,像坐标

取右手直角坐标,为旋转变换。倍率矩阵反映了光学系统成像的放大特性,是伸缩变换。将这两种矩阵结合起来,就全面反映了光学系统的成像特性。

物矢量 $\boldsymbol{A}$ 在物空间坐标的标定为

$$\boldsymbol{A}=(i,j,k)\begin{bmatrix}A_x\\A_y\\A_z\end{bmatrix}$$

若将其平移到像空间坐标内标定,则

$$\boldsymbol{A}=(i',j',k')\begin{bmatrix}A_{x'}\\A_{y'}\\A_{z'}\end{bmatrix}=(i,j,k)\boldsymbol{R}_o\begin{bmatrix}A_{x'}\\A_{y'}\\A_{z'}\end{bmatrix}$$

比较上面两式,则有

$$\begin{bmatrix}A_x\\A_y\\A_z\end{bmatrix}=\boldsymbol{R}_o\begin{bmatrix}A_{x'}\\A_{y'}\\A_{z'}\end{bmatrix}\tag{1-15}$$

由式(1-3)可知

$$\begin{bmatrix}A'_{x'}\\A'_{y'}\\A'_{z'}\end{bmatrix}=\boldsymbol{B}\begin{bmatrix}A_x\\A_y\\A_z\end{bmatrix}$$

则有

$$\begin{bmatrix}A'_{x'}\\A'_{y'}\\A'_{z'}\end{bmatrix}=\boldsymbol{B}\boldsymbol{R}_o\begin{bmatrix}A_{x'}\\A_{y'}\\A_{z'}\end{bmatrix}\tag{1-16}$$

式(1-16)表示物、像矢量均在像空间坐标 $O'x'y'z'$ 内标定时的共轭关系。令

$$\boldsymbol{R}=\boldsymbol{B}\boldsymbol{R}_o\tag{1-17}$$

则

$$\begin{bmatrix}A'_{x'}\\A'_{y'}\\A'_{z'}\end{bmatrix}=\boldsymbol{R}\begin{bmatrix}A_{x'}\\A_{y'}\\A_{z'}\end{bmatrix}\tag{1-18}$$

即

$$\boldsymbol{A}' = \boldsymbol{R}\boldsymbol{A} \tag{1-19}$$

式中:$\boldsymbol{R}$ 为物、像矢量均在像空间坐标 $O'x'y'z'$ 内标定时光学系统的作用矩阵。

同理,若物、像矢量均在物空间坐标 $Oxyz$ 内标定,则

$$\begin{bmatrix} A'_x \\ A'_y \\ A_z \end{bmatrix} = \boldsymbol{R}_o\boldsymbol{B}\begin{bmatrix} A_x \\ A_y \\ A_z \end{bmatrix} \tag{1-20}$$

令

$$\boldsymbol{R}^o = \boldsymbol{R}_o\boldsymbol{B} \tag{1-21}$$

则

$$\begin{bmatrix} A'_x \\ A'_y \\ A'_z \end{bmatrix} = \boldsymbol{R}^o\begin{bmatrix} A_x \\ A_y \\ A_z \end{bmatrix} \tag{1-22}$$

即

$$\boldsymbol{A}' = \boldsymbol{R}^o\boldsymbol{A} \tag{1-23}$$

式中:$\boldsymbol{R}^o$ 为物、像矢量均在物空间坐标 $Oxyz$ 内标定时光学系统的作用矩阵。

显然,作用矩阵与物、像矢量的标定坐标系有关。一般取物坐标或像坐标,当然也可取其他坐标,但应注意此时作用矩阵表达式不同。因动态光学研究的是动态下像点的位移,下文所有的矢量均统一在像坐标 $O'x'y'z'$ 内标定。

1. 透镜系统的作用矩阵

$$\boldsymbol{R} = \begin{bmatrix} \beta_o\beta_A & 0 & 0 \\ 0 & \beta_A & 0 \\ 0 & 0 & \beta_A \end{bmatrix} \tag{1-24}$$

当 A 点位于 yz 平面内时,有

$$\boldsymbol{R} = \begin{bmatrix} \beta_o^2 & 0 & 0 \\ 0 & \beta_o & 0 \\ 0 & 0 & \beta_o \end{bmatrix} \tag{1-25}$$

2. 平面镜、棱镜系统及放大倍率绝对值为 1 的光学系统的作用矩阵

$$\boldsymbol{R}=\boldsymbol{R}_o \tag{1-26}$$

此类系统的作用矩阵即为坐标基底转换矩阵。

3. 只有透镜组成的望远系统的作用矩阵

$$\boldsymbol{R}=\begin{bmatrix}1 & 0 & 0\\ 0 & \Gamma & 0\\ 0 & 0 & \Gamma\end{bmatrix} \tag{1-27}$$

4. 组合系统的作用矩阵

光学系统是由各种光学元件组成的。一个复杂的光学系统之作用矩阵可用两种方法求得:一是先根据其成像特性画出物、像坐标,由式(1-2)求得坐标基底转换矩阵 $\boldsymbol{R}_o$,然后根据倍率矩阵得作用矩阵;二是将各元件的作用矩阵依次相乘求得系统的作用矩阵,即

$$\boldsymbol{R}=\boldsymbol{R}_1\cdot\boldsymbol{R}_2\cdot\cdots\cdot\boldsymbol{R}_n=\prod_{i=1}^{n}\boldsymbol{R}_i \tag{1-28}$$

这里应当指出,当物体在无限远时,透镜的作用矩阵为

$$\boldsymbol{R}=\begin{bmatrix}0 & 0 & 0\\ 0 & f'\tan\omega & 0\\ 0 & 0 & f'\tan\omega\end{bmatrix} \tag{1-29}$$

式中:ω 为半视场角。

物体位于焦平面内时,透镜的作用矩阵为

$$\boldsymbol{R}=\begin{bmatrix}\infty & 0 & 0\\ 0 & \infty & 0\\ 0 & 0 & \infty\end{bmatrix} \tag{1-30}$$

1.2 矢量转轴公式及旋转矩阵

偶次反射的光学系统,物、像坐标基底转换矩阵是旋转变换,奇次反射的光学系统物、像坐标基底转换矩阵虽然是镜像变换,但是若将物坐标反向后,像坐标乃是反向后的物坐标绕一定轴旋转而成,所以在许多论述反射棱镜成像特性的文献中,将此定轴称为反射棱镜的特征方

向。此外,在研究光学系统动态成像特性时,根据理论力学的基本理论,可将系统或元件的运动视为沿定点的移动和绕定点的转动。所以讨论矢量(刚体)的转动在动态光学中具有重要的意义。

1.2.1 矢量转轴公式

当一矢量 $\boldsymbol{A}$ 绕一定轴 $\boldsymbol{P}$ 转 α 角,转动后的矢量用 $\boldsymbol{A}'$ 表示,则(图 1-3)

$$\boldsymbol{A}' = \boldsymbol{A}\cos\alpha + (1-\cos\alpha)\boldsymbol{P}(\boldsymbol{P}\cdot\boldsymbol{A}) + \boldsymbol{P}\times\boldsymbol{A}\sin\alpha \tag{1-31}$$

式中:α 为转角;$\boldsymbol{P}$ 为转轴单位矢量;$\boldsymbol{A}$、$\boldsymbol{A}'$ 为任意矢量。

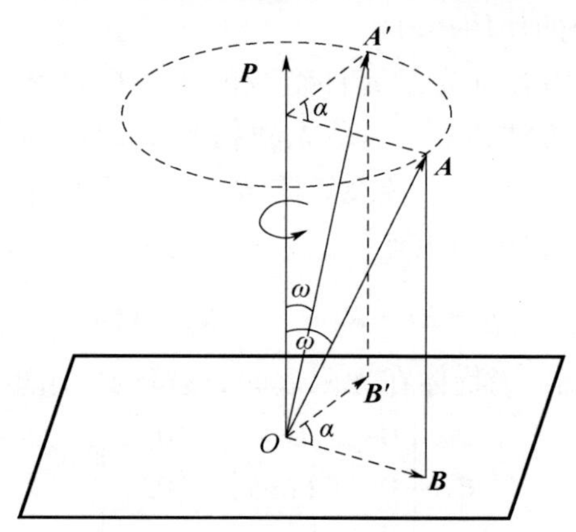

图 1-3 矢量转轴公式示意图

1.2.2 旋转矩阵

任意矢量 $\boldsymbol{A}$ 绕一定轴 $\boldsymbol{P}$ 的旋转也可表示成下面形式:

$$\boldsymbol{A}' = \boldsymbol{S}\boldsymbol{A} \tag{1-32}$$

式中:$\boldsymbol{S}$ 为旋转矩阵,表示为

$$\boldsymbol{S} = \boldsymbol{P}\boldsymbol{P}^{\mathrm{T}} + (\boldsymbol{E} - \boldsymbol{P}\boldsymbol{P}^{\mathrm{T}})\cos\alpha + \boldsymbol{P}_o\sin\alpha \tag{1-33}$$

式中

$$\boldsymbol{P} = \begin{bmatrix} P_x \\ P_y \\ P_z \end{bmatrix} \qquad \boldsymbol{P}^{\mathrm{T}} = [P_x \quad P_y \quad P_z]$$

$$P_o = \begin{bmatrix} 0 & -P_z & P_y \\ P_z & 0 & -P_x \\ -P_y & P_x & 0 \end{bmatrix}$$

或写成

$$S = E - (1 - \cos\alpha) P_o^2 + P_o \sin\alpha \tag{1-34}$$

按式(1－33)或式(1－34)，得

$$S = \begin{bmatrix} \cos\alpha + (1-\cos\alpha)P_x^2 & (1-\cos\alpha)P_xP_y - \sin\alpha P_z & (1-\cos\alpha)P_zP_x + \sin\alpha P_y \\ (1-\cos\alpha)P_xP_y + \sin\alpha P_z & \cos\alpha + (1-\cos\alpha)P_y^2 & (1-\cos\alpha)P_yP_z - \sin\alpha P_x \\ (1-\cos\alpha)P_zP_x - \sin\alpha P_y & (1-\cos\alpha)P_yP_z + \sin\alpha P_x & \cos\alpha + (1-\cos\alpha)P_z^2 \end{bmatrix} \tag{1-35}$$

1.2.3 微量转角矢量

当转角很小时，用 $\Delta\alpha$ 表示，则

$$\sin\Delta\alpha \approx \Delta\alpha;\cos\Delta\alpha \approx 1$$

由上面三式均可得到

$$A' = A + \Delta\alpha P_o A \tag{1-36}$$

式中：P_o 为反对称张量（矩阵），由张量分析知反对称张量等价于矢量（一阶张量），即

$$\Delta\alpha P_o A = \Delta\alpha P \times A \tag{1-37}$$

将 $\Delta\alpha P$ 视为一矢量，称为微量转角矢量。它表示绕 P 轴的微量转动，转角为 $\Delta\alpha$。

引入微量转角矢量这一概念后，可将多次微量转动按矢量运算法则计算，使问题大为简化。如张量运算交换律不成立，而矢量运算却具有交换律。

1.2.4 旋转矩阵和物、像坐标基底转换矩阵的关系

（1）转动后的动坐标和原始坐标关系。

设一原始坐标 $Oxyz$ 绕过 O 点的轴转 α 角变为 $Mxyz$，原始坐标基底为 i,j,k，动坐基底为 i_m,j_m,k_m，则

$$(i_m,j_m,k_m) = (i,j,k)S \tag{1-38}$$

（2）偶次反射光学系统物坐标 $Oxyz$、像坐标 $O'x'y'z'$，基底转换矩阵为旋转矩阵：

$$\boldsymbol{R}_o = \boldsymbol{S} \tag{1-39}$$

（3）奇次反射光学系统物坐标 $Oxyz$、像坐标 $O'x'y'z'$，基底转换矩阵为镜像矩阵，但也可视为物坐标反向后的旋转矩阵，有

$$\boldsymbol{R}_o\boldsymbol{A} = \boldsymbol{S}(-\boldsymbol{A}) = -\boldsymbol{S}\boldsymbol{A}$$

即

$$\boldsymbol{R}_o = -\boldsymbol{S} \tag{1-40}$$

1.3 光学系统及元件动态下物、像共轭关系

作用矩阵反映了静态下光学系统及元件的物、像共轭关系。有时为了实现某些目的，要求光学系统或元件运动，因此必须了解动态下物、像共轭关系，下面就讨论这个问题。

矢量分为定位矢量、定线矢量和自由矢量。在研究动态物、像共轭关系时，所有矢量均为自由矢量，即可任意平移到不同坐标系。

1.3.1 动态空间物、像坐标基底转换矩阵的关系

图 1-4 为一光学系统运动后的成像情况。光学系统绕空间某一定轴 $\boldsymbol{P}$ 旋转 α 角。静态时，物空间一点 A，其共轭像点为 A'，动态下像点变为 A'_{M}。现在的问题是如何求得点 A'_{M}，从而计算像点位移。令物、像坐标随光学系统一起转动，分别变为 $Mxyz$ 和 $M'x'y'z'$。物点 A 在静物坐标 $Oxyz$ 内标定为 $\boldsymbol{OA}$，用 $\boldsymbol{A}_o$ 表示，在动物坐标 $Mxyz$ 内标定 $\boldsymbol{MA}$，用 $\boldsymbol{A}_{\mathrm{m}}$ 表示；像点 A' 在静像坐标 $O'x'y'z'$ 内标定为 $\boldsymbol{O'A'}$，用 $\boldsymbol{A}'_o$ 表示，动态像点 A'_{M} 在动像坐标 $M'x'y'z'$ 内标定为 $\boldsymbol{M'A'_{\mathrm{M}}}$，用 $\boldsymbol{A}'_{\mathrm{m'}}$ 表示。$\boldsymbol{S}$ 为绕 $\boldsymbol{P}$ 轴旋转 α 角的旋转矩阵，它可由式（1-35）求得。

静、动坐标基底变换关系为

$$[\boldsymbol{i}_{\mathrm{m}}, \boldsymbol{j}_{\mathrm{m}}, \boldsymbol{k}_{\mathrm{m}}] = [\boldsymbol{i}, \boldsymbol{j}, \boldsymbol{k}]\boldsymbol{S}_o \tag{1-41}$$

$$[\boldsymbol{i}'_{\mathrm{m}}, \boldsymbol{j}'_{\mathrm{m}}, \boldsymbol{k}'_{\mathrm{m}}] = [\boldsymbol{i}', \boldsymbol{j}', \boldsymbol{k}']\boldsymbol{S}_{o'} \tag{1-42}$$

式中：$\boldsymbol{S}_o$ 为在 $Oxyz$ 坐标内标定的旋转矩阵；$\boldsymbol{S}_{o'}$ 为在 $O'x'y'z'$ 坐标内标定的旋转矩阵。

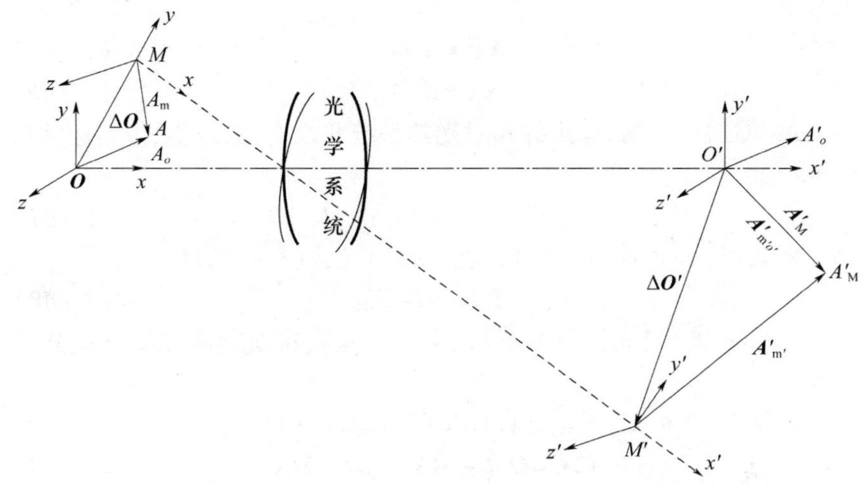

图 1 - 4　动态空间物、像坐标基底转换矩阵的关系

1.3.2　动态下物、像坐标基底转换矩阵与旋转矩阵的关系

设一矢量 $\boldsymbol{A}$，在静坐标 $Oxyz$ 三个轴上投影分别为 A_x,A_y,A_z，在动坐标 $Mxyz$ 三个轴上投影分别为 A_{xm},A_{ym},A_{zm}，则

$$(i_m,j_m,k_m)\begin{bmatrix}A_{xm}\\A_{ym}\\A_{zm}\end{bmatrix}=(i,j,k)\begin{bmatrix}A_x\\A_y\\A_z\end{bmatrix}=[i_m,j_m,k_m]\boldsymbol{S}_o^{-1}\begin{bmatrix}A_x\\A_y\\A_z\end{bmatrix}$$

所以

$$\begin{bmatrix}A_{xm}\\A_{ym}\\A_{zm}\end{bmatrix}=\boldsymbol{S}_o^{-1}\begin{bmatrix}A_x\\A_y\\A_z\end{bmatrix}$$

即

$$\boldsymbol{A}_m=\boldsymbol{S}_o^{-1}\boldsymbol{A}_o \tag{1-43}$$

$$\boldsymbol{A}_o=\boldsymbol{S}_o\boldsymbol{A}_m \tag{1-44}$$

式中：$\boldsymbol{A}_o$ 矢量在静坐标 $Oxyz$ 标定；$\boldsymbol{A}_m$ 矢量在动坐标 $Mxyz$ 标定。

同理，若矢量在静坐标 $O'x'y'z'$ 标定为 $\boldsymbol{A}_{o'}$，在动坐标 $M'x'y'z'$ 标定为

$\boldsymbol{A}_{m'}$,则

$$\boldsymbol{A}_{m'} = \boldsymbol{S}_{o'}^{-1}\boldsymbol{A}_{o'} \tag{1-45}$$

$$\boldsymbol{A}_{o'} = \boldsymbol{S}_{o'}\boldsymbol{A}_{m'} \tag{1-46}$$

运动过程中,物、像坐标相对光学系统并没有动,故物、像坐标共轭关系不变,即

$$[i'_m, j'_m, k'_m] = [i_m, j_m, k_m]\boldsymbol{R}_o \tag{1-47}$$

将式(1-1)、式(1-41)、式(1-42)及式(1-47)联立,得

$$\boldsymbol{S}_o\boldsymbol{R}_o = \boldsymbol{R}_o\boldsymbol{S}_{o'} \tag{1-48}$$

式(1-48)表征了动态下物、像坐标基底转换矩阵和旋转矩阵的关系。

由图1-4可知,无论在任何坐标内标定,均有

$$\boldsymbol{OA} = \boldsymbol{OM} + \boldsymbol{MA} = \Delta\boldsymbol{O} + \boldsymbol{MA} \tag{1-49}$$

$$\boldsymbol{O'A'_M} = \boldsymbol{O'M'} + \boldsymbol{M'A'_M} = \Delta\boldsymbol{O'} + \boldsymbol{M'A'_M} \tag{1-50}$$

式中:$\Delta\boldsymbol{O} = \boldsymbol{OM}$,表示物方坐标原点位移;$\Delta\boldsymbol{O'} = \boldsymbol{O'M'}$表示像方坐标原点位移。

(1) 物矢量在动坐标 $Mxyz$ 的标定,像矢量在动坐标 $M'x'y'z'$ 内标定。

令 $\boldsymbol{A}_m = \boldsymbol{MA}$;$\boldsymbol{A}'_{m'} = \boldsymbol{M'A'_M}$,则

$$\boldsymbol{A'}_{m'} = \boldsymbol{B}_m\boldsymbol{A}_m \tag{1-51}$$

式中:$\boldsymbol{A}_m$ 为在动物坐标 $Mxyz$ 内标定的物矢量;$\boldsymbol{A}'_{m'}$为在动像坐标 $M'x'y'z'$ 内标定的像矢量;$\boldsymbol{B}_m$ 为动态下光学系统的倍率矩阵。

(2) 物矢量在静坐标 $Oxyz$ 内标定,像矢量在静坐标 $O'x'y'z'$ 内标定。

由式(1-49)、式(1-50)和式(1-51),并根据式(1-43)和式(1-45),得

$$\boldsymbol{A}'_{m'o'} - \Delta\boldsymbol{O'}_{o'} = \boldsymbol{S}_{o'}\boldsymbol{B}_m\boldsymbol{S}_o^{-1}(\boldsymbol{A}_o - \Delta\boldsymbol{O}_o) \tag{1-52}$$

式中:矢量 $\boldsymbol{MA}$ 在 $Oxyz$ 内标定、矢量 $\boldsymbol{M'A'_M}$在 $O'x'y'z'$ 坐标内标定;$\boldsymbol{A}_o = \boldsymbol{OA}$ 为在 $Oxyz$ 坐标内标定的物矢量;$\Delta\boldsymbol{O}_o = \boldsymbol{OM}$ 为在 $Oxyz$ 坐标内标定的物坐标原点位移;$\boldsymbol{A}'_M = \boldsymbol{A}'_{m'o'} = \boldsymbol{O'A'}_M$ 为在 $O'x'y'z'$坐标内标定的动态像矢量,加角标 m′以示和静态像矢量 $\boldsymbol{A'}_{o'}$ 区别(见图1-4);$\Delta\boldsymbol{O'}_{o'} = \boldsymbol{O'M'}$为在 $O'x'y'z'$坐标内标定的像坐标原点位移。

（3）物、像矢量均在静物坐标 $Oxyz$ 内标定。

对于物、像坐标基底转换矩阵 $\boldsymbol{R}_o$，它和旋转矩阵 $\boldsymbol{S}$ 一样，具有如下性质：

$$\boldsymbol{A}_{o'} = \boldsymbol{R}_o^{-1}\boldsymbol{A}_o \tag{1-53}$$

$$\boldsymbol{A}_o = \boldsymbol{R}_o\boldsymbol{A}_{o'} \tag{1-54}$$

上面两式表示任意矢量分别在 $Oxyz$ 坐标内标定（$\boldsymbol{A}_o$）和 $O'x'y'z'$ 坐标内标定（$\boldsymbol{A}_{o'}$）时的关系式。将此性质用到式(1－52)，则

$$\boldsymbol{R}_o^{-1}(\boldsymbol{A}'_{mo} - \Delta\boldsymbol{O}'_o) = \boldsymbol{S}_{o'}\boldsymbol{B}_m\boldsymbol{S}_o^{-1}(\boldsymbol{A}_o - \Delta\boldsymbol{O}_o)$$

即

$$(\boldsymbol{A}'_{mo} - \Delta\boldsymbol{O}'_o) = \boldsymbol{R}_{o'}\boldsymbol{S}_{o'}\boldsymbol{B}_m\boldsymbol{S}_o^{-1}(\boldsymbol{A}_o - \Delta\boldsymbol{O}_o)$$

又由式(1－48)可知

$$\boldsymbol{R}_o\boldsymbol{S}_{o'} = \boldsymbol{S}_o\boldsymbol{R}_o$$

所以

$$\boldsymbol{A}'_{mo} - \Delta\boldsymbol{O}'_o = \boldsymbol{S}_o\boldsymbol{R}_o\boldsymbol{B}_m\boldsymbol{S}_o^{-1}(\boldsymbol{A}_o - \Delta\boldsymbol{O}_o)$$

根据式(1－21)，得

$$\boldsymbol{R}_m^o = \boldsymbol{R}_o\boldsymbol{B}_m$$

式中：$\boldsymbol{R}_m^o$ 为动态下光学系统的作用矩阵，故

$$\boldsymbol{A}'_{mo} - \Delta\boldsymbol{O}'_o = \boldsymbol{S}_o\boldsymbol{R}_m^o\boldsymbol{S}_o^{-1}(\boldsymbol{A}_o - \Delta\boldsymbol{O}_o) \tag{1-55}$$

式(1－55)为物、像矢量均在物坐标 $Oxyz$ 内标定时的共轭关系式。

（4）物、像矢量均在像坐标 $O'x'y'z'$ 内标定。

式(1－52)中将 $\boldsymbol{A}_o - \Delta\boldsymbol{O}_o$ 变为 $\boldsymbol{A}_{o'} - \Delta\boldsymbol{O}'$，由式(1－17)知 $\boldsymbol{A} = \boldsymbol{R}_o\boldsymbol{A}'$，故

$$\boldsymbol{A}_o - \Delta\boldsymbol{O}_o = \boldsymbol{R}_o(\boldsymbol{A}_{o'} - \Delta\boldsymbol{O}_{o'})$$

代入式(1－52)，得

$$\boldsymbol{A}'_{m'o'} - \Delta\boldsymbol{O}'_{o'} = \boldsymbol{S}_{o'}\boldsymbol{B}_m\boldsymbol{S}_o^{-1}\boldsymbol{R}_o(\boldsymbol{A}_{o'} - \Delta\boldsymbol{O}_{o'}) = \boldsymbol{S}_{o'}\boldsymbol{B}_m\boldsymbol{R}_o\boldsymbol{S}_o^{-1}(\boldsymbol{A}_{o'} - \Delta\boldsymbol{O}_{o'})$$

这就是我们要得到的结果，因为在静像坐标 $O'x'y'z'$ 内，静态像为 $\boldsymbol{A}'_{o'}$，动态像为 $\boldsymbol{A}'_{m'o'} = \boldsymbol{A}'_M$，两者之差表示像点位移。

用图 1－4 中 $\boldsymbol{A}'_{m'o'}$ 用 $\boldsymbol{A}'_M$ 表示，则

$$\boldsymbol{A}'_M - \Delta\boldsymbol{O}_{o'} = \boldsymbol{S}_{o'}\boldsymbol{B}_m\boldsymbol{R}_o\boldsymbol{S}_{o'}^{-1}(\boldsymbol{A}_{o'} - \Delta\boldsymbol{O}_{o'})$$

又由式(1－17)可知

$$\boldsymbol{R}_m = \boldsymbol{B}_m\boldsymbol{R}_o$$

所以

$$A'_{\mathrm{M}} - \Delta O'_{o'} = S_{o'} R_{\mathrm{m}} S_{o}^{-1} (A_{o'} - \Delta O_{o'}) \qquad (1-56)$$

式(1－56)为物、像矢量均在像坐标 $O'x'y'z'$ 内标定时的共轭关系式。

1.4 动态光学系统物、像共轭关系式的讨论

1.4.1 标定坐标系的选择

由上面讨论可知,选择不同的标定坐标系,物、像共轭关系式不同。标定坐标系的选择应视实际情况而定,总的原则是计算简便。特别是对于一些复杂的光学系统,有的光学元件运动,有的不动,或者运动状态不同,这时应慎重选择标定坐标系。

应指出,在某坐标系标定是指将物或像矢量做为自由矢量平移至该坐标系内标定,并非物点或像点原地不动地在该坐标系内标定,这样就误解了作用矩阵的物理意义。

由于动态光学研究的是动态像点相对静态像点的变化,故统一规定到静像坐标系 $O'x'y'z'$ 内标定。

1.4.2 动态作用矩阵

动态下光学系统作用矩阵 R_{m} 一般不等于静态下光学系统的作用矩阵 R,其原因是动态下倍率矩阵变了,即 $B_{\mathrm{m}} \neq B$。但是,若转动量较小,一般带有透镜的系统也不允许大角度转动,或运动后光学系统倍率不变,则动态作用矩阵 $R_{\mathrm{m}} \approx R$,此时式中 R_{m} 可用 R 代替。

1.4.3 动态下物、像共轭关系式的物理意义

因讨论的是动态下像点相对静态像点的变化,采用所有矢量统一在静像坐标 $O'x'y'z'$ 内标定较为方便,以后不加说明,均指此种情况,为此去掉下角标 O'。

以物、像矢量均在静像坐标 $O'x'y'z'$ 内标定的物、像共轭关系式为例说明各项的物理意义。将式(1－56)变为

$$A'_{\mathrm{M}} = \Delta O' - SRS^{-1}\Delta O + SRS^{-1}A \qquad (1-57)$$

式中:$\Delta \boldsymbol{O}'$为动态下像坐标原点的运动;$\Delta \boldsymbol{O}$ 为动态下物坐标原点的运动。$-\boldsymbol{SRS}^{-1}\Delta \boldsymbol{O}$ 表示由于物坐标原点运动对像运动的影响,而式中前两项 $\Delta \boldsymbol{O}'-\boldsymbol{SRS}^{-1}\Delta \boldsymbol{O}$ 表示物、像坐标原点运动对像点运动的作用。$\boldsymbol{A}$ 为将物矢量平移到像坐标 $O'x'y'z'$ 内标定,不涉及运动状态;$\boldsymbol{SRS}^{-1}\boldsymbol{A}$ 则与运动状态有关,它表示运动状态下物、像矢量的方向共轭关系。$\Delta \boldsymbol{O}'-\boldsymbol{SRS}^{-1}\Delta \boldsymbol{O}$ 同时又表示物、像矢量的位置共轭关系。所以,动态物、像矢量共轭关系式由两项构成:称 $\Delta \boldsymbol{O}'-\boldsymbol{SRS}^{-1}\Delta \boldsymbol{O}$ 为位置共轭项,简称原点项;$\boldsymbol{SRS}^{-1}\boldsymbol{A}$ 为方向共轭关系项,简称旋变项。两者的综合作用结果使像点不和静态下像点重合,即造成像点的运动。

式(1-57)是本书的精髓,由它可以得出后面的一系列公式,解决各种问题。

下面讨论两种特殊情况:

(1) 当光学系统只有平移而无转动时。

由图1-4可以看出,像点位移为

$$\Delta \boldsymbol{A}'=\boldsymbol{A}'_{\mathrm{M}}-\boldsymbol{A}'_{o'} \tag{1-58}$$

此时相当于转轴在无限远,$\boldsymbol{S}$ 和 $\boldsymbol{S}^{-1}$ 为单位矩阵,即

$$\boldsymbol{S}=\boldsymbol{S}^{-1}=\boldsymbol{E}$$

因此

$$\boldsymbol{A}'_{\mathrm{M}}=\boldsymbol{O}'-\boldsymbol{RO}+\boldsymbol{RA}$$

若只讨论轴上像点 O'的动态成像位置,则 $\boldsymbol{A}=0$,从而

$$\Delta \boldsymbol{A}'=\boldsymbol{A}'_{\mathrm{M}}=\Delta \boldsymbol{O}'-\boldsymbol{R}\Delta \boldsymbol{O}$$

设平移量为 $\boldsymbol{l}$,则 $\Delta \boldsymbol{O}'=\Delta \boldsymbol{O}=\boldsymbol{l}$,因此

$$\Delta \boldsymbol{A}'=(\boldsymbol{E}-\boldsymbol{R})\boldsymbol{l} \tag{1-59}$$

式中:$\Delta \boldsymbol{A}'$为动态下像坐标原点 O' 的移动量,它用于解决变焦系统问题。

(2) 当无光焦度光学系统位于平行光路中时。

此类光学系统有平面镜、棱镜系统、平板玻璃、望远系统等。当它们位于平行光路中时,物、像均在无限远,可以不考虑位置共轭关系,只讨论方向共轭关系。此时可以认为 $\Delta \boldsymbol{O}'=\Delta \boldsymbol{O}=0$,$\boldsymbol{R}_{\mathrm{m}}=\boldsymbol{R}_{o}$,则

$$\boldsymbol{A}'_{\mathrm{M}}=\boldsymbol{SRS}^{-1}\boldsymbol{A}=\boldsymbol{SR}_{o}\boldsymbol{S}^{-1}\boldsymbol{A} \tag{1-60}$$

它可用于解决平面反射镜、反射棱镜、平板玻璃、望远系统等问题。

式(1－60)便是计算反射棱镜物像关系经常使用的公式。

1.5 小结

动态下物、像共轭关系式是动态光学的理论基础。在推导这种关系式时,既没有限制运动状态又没有限制光学系统或元件,即运动是六个自由度的,光学系统可以是任何系统或元件。当讨论某具体光学系统或元件的物、像共轭关系,或讨论某种运动状态时,公式大为简化。例如研究反射棱镜物、像共轭关系,由于作用矩阵即为物、像坐标基底转换矩阵(倍率矩阵是单位矩阵),物、像变换是正交变换,无伸缩变换,问题大为简化。总之,从普遍规律入手研究,理论推导力求严谨、准确,落实到具体问题则要简便,有利于工程化。

本章主要研究光学系统或元件运动状态下的成像情况,即只讨论了一个光学系统或元件的动态物、像共轭关系。实际上,光学系统往往由许多分系统或元件构成,它们中可能有的是静止的,有的是运动的,运动元件的运动状态也可能互不相同。总之,将光学元件间有相互运动的系统称为动态光学(电)系统。

第 2 章

光学系统及元件动态成像特性

2.1 透镜及透镜系统的动态成像特性

2.1.1 透镜及透镜系统的零值轴

透镜及透镜系统可视为反射次数为偶数(零)的光学系统,它的物、像坐标基底转换矩阵为旋转矩阵。对于成正像的透镜系统,像坐标 $O'x'y'z'$ 可看成物坐标 $Oxyz$ 绕光轴转 360°而成;而成倒像的透镜系统,像坐标 $O'x'y'z'$ 可看成物坐标 $Oxyz$ 绕光轴转 180°而成。光轴即为透镜系统的零值轴。零值轴是指光学系统绕其转动像点不动的轴。

2.1.2 透镜及透镜系统动态物、像共轭关系

由第 1 章知,当物、像矢量均在像坐标 $O'x'y'z'$ 内标定时动态光学系统的物、像共轭关系为

$$\boldsymbol{A}'_{\mathrm{M}} = \Delta\boldsymbol{O}' - \boldsymbol{SRS}^{-1}\Delta\boldsymbol{O} + \boldsymbol{SRS}^{-1}\boldsymbol{A}$$

由于是在高斯光学范畴内讨论光学系统及元件的动态成像特性,即将光学系统视为理想光学系统,在近轴区研究其动态成像特性,所以用光轴上物点和像点在动态下共轭关系表征光学系统及元件的动态成像特征,这样上式中 $\boldsymbol{A}=0$,公式变为

$$\boldsymbol{A}'_{\mathrm{M}} = \Delta\boldsymbol{O}' - \boldsymbol{SRS}^{-1}\Delta\boldsymbol{O} \qquad (2-1)$$

透镜系统动态物像关系式中 $\Delta\boldsymbol{O}$ 表示动态下的物坐标原点 O 的位移,$\Delta\boldsymbol{O}'$ 表示像坐标原点 O' 的位移。

透镜及透镜系统一般不允许大角度转动,因为它会使像质变坏,所

以应在微量转动条件下讨论其动态成像特性。设透镜系统绕空间任意轴 $\boldsymbol{P}$ 转 $\Delta\alpha$ 角(图 2-1),则在 $\boldsymbol{P}$ 轴上取任意一点 G',以 G' 为原点建立一坐标系 $G'x'y'z'$,使它和像坐标 $O'x'y'z'$ 平行。在此坐标内标定 O 点和 O' 点位置的矢量分别为

$$\boldsymbol{O}=\boldsymbol{G'O},\boldsymbol{O'}=\boldsymbol{G'O'}$$

则

$$\begin{cases}\Delta\boldsymbol{O}=\Delta\alpha\boldsymbol{P}\times\boldsymbol{O}\\ \Delta\boldsymbol{O'}=\Delta\alpha\boldsymbol{P}\times\boldsymbol{O'}\end{cases}\tag{2-2}$$

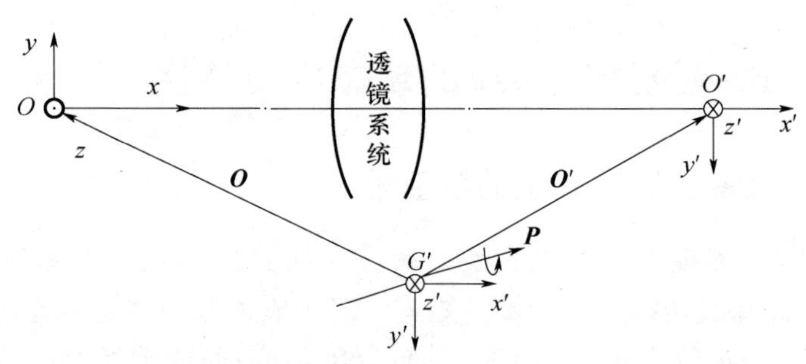

图 2-1　透镜及透镜系统动态物、像共轭关系

根据微量转角矢量和反对称张量的关系,得

$$\begin{cases}\Delta\boldsymbol{O}=\boldsymbol{S}_{\Delta}\boldsymbol{O}\\ \Delta\boldsymbol{O'}=\boldsymbol{S}_{\Delta}\boldsymbol{O'}\end{cases}\tag{2-3}$$

微量转动时,有

$$\begin{cases}\boldsymbol{S}=\boldsymbol{E}+\boldsymbol{S}_{\Delta}\\ \boldsymbol{S}^{-1}=\boldsymbol{E}-\boldsymbol{S}_{\Delta}\end{cases}\tag{2-4}$$

式中

$$\boldsymbol{S}_{\Delta}=\Delta\alpha\begin{bmatrix}0 & -P_{z'} & P_{y'}\\ P_{z'} & 0 & -P_{x'}\\ -P_{y'} & P_{x'} & 0\end{bmatrix}\tag{2-5}$$

微量转动时可认为光学系统倍率不变,即

$$\boldsymbol{R}_{\mathrm{m}}=\boldsymbol{R}\tag{2-6}$$

将式(2-3)、式(2-4)、式(2-6)代入式(2-1),忽略二阶小量,

经整理,得

$$\boldsymbol{A'}_{\mathrm{M}} = \boldsymbol{S}_{\Delta}\boldsymbol{O'} - \boldsymbol{R}\boldsymbol{S}_{\Delta}\boldsymbol{O} \tag{2-7}$$

即

$$\boldsymbol{A'}_{\mathrm{M}} = \Delta\alpha\boldsymbol{P} \times \boldsymbol{O'} - \boldsymbol{R}\Delta\alpha\boldsymbol{P} \times \boldsymbol{O}$$

$$\boldsymbol{A'}_{\mathrm{M}} = \boldsymbol{R}\Delta\alpha\boldsymbol{O} \times \boldsymbol{P} - \Delta\alpha\boldsymbol{O'} \times \boldsymbol{P}$$

仍用反对称张量表示,则

$$\boldsymbol{A'}_{\mathrm{M}} = (\boldsymbol{RO} - \boldsymbol{O'})\Delta\alpha\boldsymbol{P} \tag{2-8}$$

式中

$$\boldsymbol{O} = \begin{bmatrix} 0 & -O_{z'} & O_{y'} \\ O_{z'} & 0 & -O_{x'} \\ -O_{y'} & O_{x'} & 0 \end{bmatrix};\boldsymbol{O'} = \begin{bmatrix} 0 & -O'_{z'} & O'_{y'} \\ O'_{z'} & 0 & -O'_{x'} \\ -O'_{y'} & O'_{x'} & 0 \end{bmatrix}$$

由于讨论的是轴上点像点动态下位移,所以用 $\Delta\boldsymbol{O'}$ 表示,从而有

$$\boldsymbol{A'}_{\mathrm{M}} = \Delta\boldsymbol{A'} = (\boldsymbol{RO} - \boldsymbol{O'})\Delta\alpha\boldsymbol{P} \tag{2-9}$$

2.1.3 透镜及透镜系统的等效节点

式(2-9)给出透镜及透镜系统动态下轴上像点位移的计算公式,式中 $\Delta\alpha\boldsymbol{P}$ 为微量转角矢量,若式中$(\boldsymbol{RO} - \boldsymbol{O'}) = 0$,则说明透镜及透镜系统绕空间任意方向的轴旋转均不产生像点位移。由于矩阵 $\boldsymbol{O}$ 和 $\boldsymbol{O'}$ 是 $\boldsymbol{O}$ 点及 $\boldsymbol{O'}$ 点空间位置的函数,所以虽然转轴方向不受限制,但转轴位置却受限制,即转轴必须通过某一定点,下面求此定点。满足透镜及透镜系统绕空间任意轴旋转均不产生像点位移时,有

$$(\boldsymbol{RO} - \boldsymbol{O'}) = 0 \tag{2-10}$$

即

$$\begin{bmatrix} \beta_o^2 & 0 & 0 \\ 0 & \beta_o & 0 \\ 0 & 0 & \beta_o \end{bmatrix}\begin{bmatrix} 0 & -O_{z'} & O_{y'} \\ O_{z'} & 0 & -O'_{x'} \\ -O_{y'} & O_{x'} & 0 \end{bmatrix} = \begin{bmatrix} 0 & -O'_{z'} & O'_{y'} \\ O'_{z'} & 0 & -O'_{x'} \\ -O_{y'} & O'_{x'} & 0 \end{bmatrix}$$

$$\begin{bmatrix} 0 & -\beta_o^2 O_{z'} & \beta_o^2 O_{y'} \\ \beta_o O_{z'} & 0 & -\beta_o O_{x'} \\ -\beta_o O_{y'} & \beta_o O_{x'} & 0 \end{bmatrix} = \begin{bmatrix} 0 & -O'_{z'} & O'_{y'} \\ O'_{z'} & 0 & -O'_{x'} \\ -O'_{y'} & O'_{x'} & 0 \end{bmatrix}$$

显然满足上式条件时,只有

$$O'_{y'}=O_{y'}=O'_{z'}=O_{z'}=0$$
$$O'_{x'}=\beta_o O_{x'}$$

可见此点必须位于光轴上，且 $O_{x'}=-l_o, O'_{x'}=l'_o$。图 2－2 为透镜及透镜系统的等效节点示意图，其中，J_o 为透镜或透镜系统的等效节点。可对等效节点的特点如下：

（1）透镜或透镜系统绕等效节点转动，其像点。

（2）等效节点不同于应用光学书中的节点，等效节点只有一个，而节点有两个，它们之间位置关系如图 2－2 所示，即

$$\begin{cases} d_{l_o}=\dfrac{1}{\beta_o-1}d \\ d'_{l_o}=\dfrac{\beta_o}{\beta_o-1}d \end{cases} \tag{2-11}$$

式中：d 为物方节点 H 和像方节点 H' 间距离；β_o 为垂轴放大率；d_{l_o} 为物方节点 H 和等效节点 J_o 间距离；d'_{l_o} 为等效节点 J_o 和像方节点 H' 间距离。

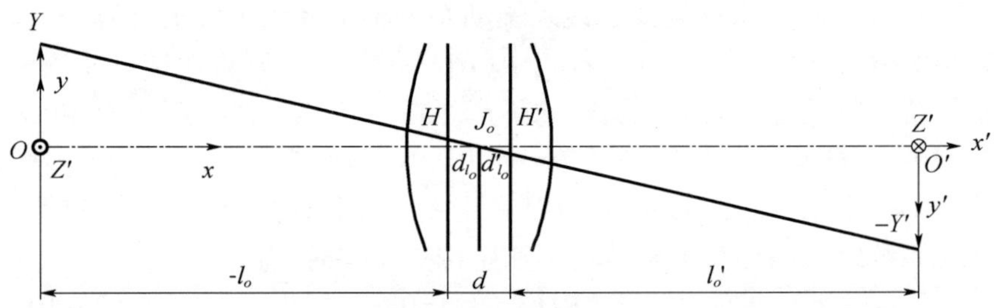

图 2－2　透镜及透镜系统的等效节点示意图

应当指出，透镜绕像方节点（后节点）J' 转动时像点不动，这只有当物体位于无限远时才是正确的，物体位于有限距离时只有绕等效节点 J_o 转动像点才不动。下面证明这一点。

当物体位于无限远时，对 d'_{l_o} 取极限，有

$$\lim_{x\to-\infty} d'_{l_o}=\lim_{x\to-\infty}\frac{\beta_o}{\beta_o-1}d=\lim_{x\to-\infty}\frac{f'/x}{(f'/x)-1}d=0$$

式中：f' 为透镜焦距；x 为以物方节点 H 为基点的物距。

可见只有物在无限远时,等效节点 J_o 才和像方节点 J' 重合。

有了等效节点的概念,计算动态下透镜及透镜系统的像点位移就变得简单了,因为由理论力学可知任何刚体运动均可视为定点的移动(刚体平动)和绕该点的转动,可将定点选在等效节点上,等效节点的运动可以反映像点的运动。

2.1.4 等效节点运动导致的像点位移

1. 等效节点沿光轴方向移动

由式(1-59)得出如下公式:

$$\Delta \boldsymbol{A}' = (\boldsymbol{E}-\boldsymbol{R})\Delta J_o = (\boldsymbol{E}-\boldsymbol{R})\begin{bmatrix}\Delta l_{x'}\\0\\0\end{bmatrix}$$

$$\begin{bmatrix}\Delta A'_{x'}\\\Delta A'_{y'}\\\Delta A'_{z'}\end{bmatrix} = \left\{\begin{bmatrix}1&0&0\\0&1&0\\0&0&1\end{bmatrix} - \begin{bmatrix}\beta_o^2&0&0\\0&\beta_o&0\\0&0&\beta_o\end{bmatrix}\right\}\begin{bmatrix}\Delta l_{x'}\\0\\0\end{bmatrix}$$

得

$$\begin{cases}\Delta A'_{x'} = (1-\beta_o^2)\Delta l_{x'}\\\Delta A'_{y'} = 0\\\Delta A'_{z'} = 0\end{cases}$$

式中:$\Delta l_{x'}$ 为透镜或透镜系统沿光轴方向的移动量。此结果表明当透镜或透镜系统沿光轴方向运动时,像点也沿光轴方向运动,移动量为 $1-\beta_o^2$ 倍。

2. 等效节点垂直光轴方向移动

同样根据式(1-59),得

$$\begin{cases}\Delta A'_{x'} = 0\\\Delta A'_{y'} = (1-\beta_o)\Delta l_{y'}\\\Delta A'_{z'} = (1-\beta_o)\Delta l_{z'}\end{cases}$$

此结果表明:当透镜或透镜系统垂直光轴方向运动时,像点也沿此方向运动,移动量为 $1-\beta_o$ 倍。

2.2 平面光学系统的动态成像特性

平面镜、反射棱镜、平板玻璃统称平面光学系统。

此类系统特点为:①光焦度为零;②放大倍率绝对值为1。由此两特点,其成像性质为:①在平行光路中,物在无限远,像亦在无限远;②作用矩阵行列式值为1(偶次反射)或为-1(奇次反射)。前者作用矩阵为旋转矩阵,后者作用矩阵为镜像矩阵,且作用矩阵即为物、像坐标基底转换矩阵。此类系统包括平面镜、棱镜、平板玻璃、视放大率绝对值为1的望远系统等。由于此类系统入射波为平面波,出射波仍为平面波,故统称平面光学系统(视放大率绝对值不为1的望远系统虽也具有此特点,但倍率矩阵不为单位矩阵,故不包括在内)。

我国在反射棱镜物、像共轭理论,特别是微量转动时平行光路动态成像理论研究得比较深入,居世界领先地位。平行光路中反射棱镜动态成像特性已编成国家标准 GB 7660.1~7660.3—87。所以本书在论述此类系统在平行光路中微量转动时动态成像特性时,只给出有关概念及结论,不再做详细推导,读者感兴趣的话,可参阅相关文献。

1. 平面光学系统转动定理

平面光学系统位于平行光路中时,应用式(1-60),即

$$\boldsymbol{A}'_{\mathrm{M}}=\boldsymbol{S}\boldsymbol{R}_o\boldsymbol{S}^{-1}\boldsymbol{A} \tag{2-12}$$

由式(1-19)知 $\boldsymbol{A}'=\boldsymbol{R}_o^{-1}\boldsymbol{A}$,式(2-12)变为

$$\boldsymbol{A}_{\mathrm{M}}=\boldsymbol{S}\boldsymbol{R}_o\boldsymbol{S}^{-1}\boldsymbol{R}_o^{-1}\boldsymbol{A}' \tag{2-13}$$

又由式(1-48),知

$$\boldsymbol{S}_o\boldsymbol{R}_o=\boldsymbol{R}_o\boldsymbol{S}$$

由于坐标基底转换矩阵和旋转矩组阵均为正交矩阵,它们的转置矩阵即逆矩阵,故

$$\boldsymbol{S}^{-1}\boldsymbol{R}_o^{-1}=\boldsymbol{R}_o^{-1}\boldsymbol{S}_o^{-1} \tag{2-14}$$

$$\boldsymbol{R}_o\boldsymbol{R}_o^{-1}=\boldsymbol{E} \tag{2-15}$$

代入式(2-13),得

$$\boldsymbol{A}_{\mathrm{M}}=\boldsymbol{S}\boldsymbol{S}_o^{-1}\boldsymbol{A}' \tag{2-16}$$

式中:$\boldsymbol{S}_o$ 为转轴 $\boldsymbol{P}$ 在物坐标 xyz 内标定时的旋转矩阵;$\boldsymbol{S}$ 为标定坐标系

选为像坐标 $x'y'z'$时的旋转矩阵。$\boldsymbol{P}'$为 $\boldsymbol{P}$ 的像，绕 $\boldsymbol{P}'$轴转动的旋转矩阵用 $\boldsymbol{Q}$ 表示，将 $\boldsymbol{P}$ 视为物矢量，$\boldsymbol{P}'$视为像矢量，数为偶数时，物坐标为右手直角坐标系，像坐标也为右手直角坐标系，有

$$\boldsymbol{S}_o^{-1}=\boldsymbol{Q}^{-1} \tag{2-17}$$

而当反射次数为奇数时，像坐标变为左手直角坐标系，从而

$$\boldsymbol{S}_o^{-1}=\boldsymbol{Q} \tag{2-18}$$

再根据式(2-17)和式(2-18)，得

$$\boldsymbol{A}'_{\mathrm{M}}=\boldsymbol{S}\boldsymbol{Q}^{(-1)^{t-1}}\boldsymbol{A}' \tag{2-19}$$

式中：$\boldsymbol{A}'_{\mathrm{M}}$ 为动态下成的像；$\boldsymbol{A}'$为静态下成的像；$\boldsymbol{S}$ 为绕 $\boldsymbol{P}$ 轴转 α 角的旋转矩阵；$\boldsymbol{Q}$ 为绕 $\boldsymbol{P}'$轴转 α 角的旋转矩阵。

式(2-19)为平面光学系统转动定理的数学表达式，上面论述实际上是该定理的推导和证明。此定理用文字叙述如下：

平面光学系统转动定理：在物体不动的条件下，平面光学系统绕空间任意轴 $\boldsymbol{P}$ 转动 α 角引起的像体运动可分成先后两个转动：首先绕 $\boldsymbol{P}$ 的像 $\boldsymbol{P}'$轴转$(-1)^{t-1}\alpha$ 角，然后转动了像体再绕 $\boldsymbol{P}$ 轴转 α 角。此时，$\boldsymbol{P}$ 和 $\boldsymbol{P}'$都在像坐标内标定。

2. 平面光学系统转动定理的物理意义

平面光学系统转动定理如图 2-3 所示(它类似经纬仪结构)。图中 $x'y'z'$表示像坐标，$\boldsymbol{A}'$为在像坐标内标定的静态像矢量。两者结合可表征像体。

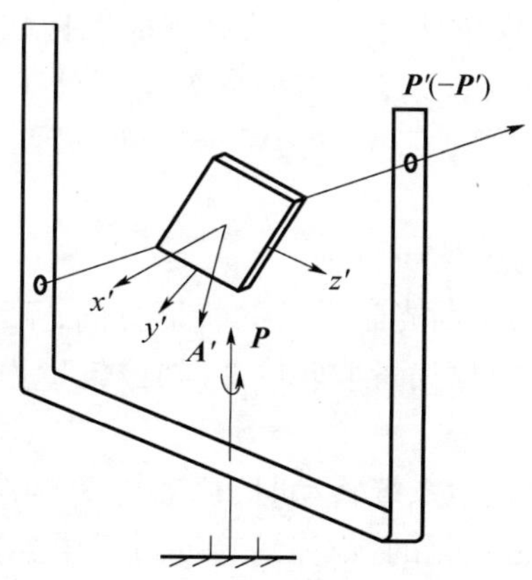

图 2-3　平面光学系统转动定理示意图

在物体不动的条件下，当光学系统绕空间任意轴 $\boldsymbol{P}$ 转动 α 角，像矢量 $\boldsymbol{A}'$ 首先绕 $\boldsymbol{P}'$ 轴转动：反射次数 t 为奇次时转角 α；反射次数 t 为偶次时转角 $-\alpha$。然后像矢量 $\boldsymbol{A}'$ 再绕 $\boldsymbol{P}$ 轴转动 α 角。

由理论力学和经纬仪工作原理可知，此种框架结构可通过下述动作实现同一结果，写成数学表达式则为

$$\boldsymbol{A}'_{\mathrm{M}} = \boldsymbol{Q}_{\mathrm{m}}^{(-1)^{(t-1)}} \boldsymbol{S}\boldsymbol{A}' \tag{2-20}$$

式中：$\boldsymbol{P}'_{\mathrm{m}}$ 为绕 $\boldsymbol{P}$ 轴转 α 角后的 $\boldsymbol{P}'$ 轴；$\boldsymbol{Q}_{\mathrm{m}}$ 为绕 $\boldsymbol{P}'_{\mathrm{m}}$ 轴转 α 角的旋转矩阵。

平面光学系统转动定理尚可叙述如下：在物体不动的条件下，平面光学系统绕空间任意轴 $\boldsymbol{P}$ 旋转 α 角引起的像体运动可分成先后两个转动：首先绕 $\boldsymbol{P}$ 轴转 α 角，然后绕转动后的 $\boldsymbol{P}'$ 轴 $\boldsymbol{P}'_{\mathrm{m}}$ 转 $(-1)^{t-1}\alpha$ 角。

3. 微量转动时平面光学系统转动定理

微量转动时转角用 $\Delta\alpha$ 表示，因微量转动时式(2-19)和式(2-20)的旋转矩阵为反对称矩阵（张量），根据张量理论，反对称张量等价于矢量，公式可写成矢量形式，即

$$\boldsymbol{\mu}' = [\boldsymbol{E} + (-1)^{t-1}\boldsymbol{R}_o]\Delta\alpha\boldsymbol{P} \tag{2-21}$$

式中：$\boldsymbol{\mu}'$ 和 $\Delta\alpha\boldsymbol{P}$ 为微量转角矢量。

这样计算起来比较简单，遵循矢量运算法则，有交换率。

4. 平面光学系统的特征方向和极值轴向

1）作用矩阵的特征根和特征矢量

光学系统的作用矩阵反映了它的静态成像特性。由线性代数知识可知矩阵有特征根和特征矢量，而特征矢量表征了平面光学系统的动态成角特性。其中一特征矢量称为特征方向，另两个特征矢量对应极值轴向。

2）平面光学系统的特征方向

特征矢量 $\boldsymbol{T}$ 称为平面光学系统的特征方向，下面证明这一点。

式(2-19)中若将物矢量取转轴 $\boldsymbol{T}$，则像矢量为 $\boldsymbol{T}'$，该式变为

$$\boldsymbol{P}_{\mathrm{m}}' = \boldsymbol{S}\boldsymbol{T}' \tag{2-22}$$

式(2-22)表明平面光学系统转动时，$\boldsymbol{T}'$ 轴绕 $\boldsymbol{T}$ 轴旋转，即平面光学系统转动过程中 $\boldsymbol{T}'$ 轴是变化的，像体的转动过程中如图 2-3 所示。

奇次反射平面光学系统特征矢量 $\boldsymbol{T}$ 具有 $\boldsymbol{T}' = -\boldsymbol{T}$ 性质，光学系统

绕转动时,式(2－19)变为

$$A'_{\mathrm{M}}=SS^{-1}A'=A' \tag{2-23a}$$

上式说明:光学系统绕 $\boldsymbol{T}$ 转 α 角时,像体先绕 $\boldsymbol{T}$ 转 $-\alpha$ 角,再绕 $\boldsymbol{T}$ 转 α 角,叠加结果像体不动,即图 2－3 中 $\boldsymbol{T}'$ 轴和 $\boldsymbol{T}$ 轴重合,但转动方向相反,显然像体是不动的。

偶次反射平面光学系统特征矢量 $\boldsymbol{T}$ 具有 $\boldsymbol{T}'=\boldsymbol{T}$ 性质,同理代入式(2－19),得

$$A'_{\mathrm{m}}=SS^{-1}A'=A' \tag{2-23b}$$

这和奇次反射平面光学系统的结论是一样的。

以上结果说明平面光学系统的特征矢量 $\boldsymbol{T}$ 的性质是:当光学系统绕其转动时像体不动。称特征矢量 $\boldsymbol{T}$ 为平面光学系统的特征方向,特征方向是平面光学系统固有的动态成像特性。

国家标准 GB 7660.1～7660.3—87 对反射棱镜的特征方向定义为:偶次反射棱镜的像坐标是物坐标绕某一特定轴转一特定角度而成;奇次反射棱镜的像坐标是物坐标反向后绕某一特定轴转一特定角而成。称此特定轴为棱镜的特征方向,用单位自由矢量 $\boldsymbol{T}$ 表示。下面将特征方向的概念扩展到平面光学系统。作用矩阵的特征根对应的特征矢量中一个是特征方向,另两个特征矢量对应于极值轴向。

3）平面光学系统的极值轴向

除存在特征方向 $\boldsymbol{T}$ 外,尚有一与之垂直的平面 M,此平面有两个特征矢量,分别对应 3 个像偏转极值轴向。

像偏转是指像坐标(像体)的旋转。

(1) x'像偏转及 x'像偏转极值轴向 $\boldsymbol{u}$。

像坐标(像体)绕出射光轴 x'的旋转,又称像倾斜。

x'像偏转极值轴向用单位矢量 $\boldsymbol{u}$ 表示,它对应作用矩阵的一个特征矢量,平面光学系统绕 $\boldsymbol{u}$ 旋转产生 x'像偏转极值。

(2) y'像偏转及 y'像偏转极值轴向 $\boldsymbol{v}$。

像坐标(像体)绕 y'轴的旋转,又称 y'光轴偏。y'像偏转极值轴向用单位矢量 $\boldsymbol{v}$ 表示,它和 $\boldsymbol{u}$ 对应作用矩阵的同一个特征矢量。平面光学系统绕 $\boldsymbol{v}$ 旋转产生 y'像偏转极值。

(3) z'像偏转及z'像偏转极值轴向 $\boldsymbol{w}$。

像坐标(像体)绕z'轴的旋转,又称z'光轴偏,z'像偏转极值轴向用单位矢量 $\boldsymbol{w}$ 表示,它对应作用矩阵的第三个特征矢量。平面光学系统绕 $\boldsymbol{w}$ 旋转产生z'像偏转极值。

4) 平面光学系统绕入射光轴旋转时像体运动规律

平面光学系统的出射光轴是入射光轴的像,当其绕入射光轴旋转时,性质如下:

(1) 奇次反射平面光学系统。

像体先绕入射光轴转 α 角(显然出射光轴也绕入射光轴转 α 角),再绕转动后的出射光轴转 α 角。

(2) 偶次反射平面光学系统。

像体先绕入射光轴转 α 角(显然出射光轴也绕入射光轴转 α 角),再绕转动后的出射光轴转 $-\alpha$ 角。

第一个转动可以进行扫瞄,而第二个转动产生像倾斜。所以平面光学系统绕入射光轴旋转时可以完成扫瞄功能,在扫瞄的同时有像倾斜现象。周视仪器要求消除像倾斜,设计此类仪器时必须考虑像倾斜的补偿问题。

平面光学系统转动定理的第二种表达形式(式(2-20))为设计扫瞄、跟踪仪器奠定了理论基础。

5) 平面光学系统微量转动时的动态成像特性

(1) 像偏转。

像体的微量转动,用微量转角矢量$\boldsymbol{\mu}'$表示。它的方向表示像体旋转的转轴方向,模表示转角大小,其符号按右旋法则。

① x'像偏转:像偏转$\boldsymbol{\mu}'$在x'轴上投影,用$\mu'_{x'}$表示。

② y'像偏转:像偏转$\boldsymbol{\mu}'$在y'轴上投影,用$\mu'_{y'}$表示。

③ z'像偏转:像偏转$\boldsymbol{\mu}'$在z'轴上投影,用$\mu'_{z'}$表示。

(2) 像偏转极值。

平面光学系统绕不同方向的轴转过一微量转角时,能产生像偏转最大值的轴向称为像偏转极值轴向,此最大值称为像偏转极值。

① x'像偏转极值轴向:平面光学系统绕其转动产生x'像偏转最大值的轴向,用单位自由矢量 $\boldsymbol{u}$ 表示。

② y'像偏转极值轴向：平面光学系统绕其转动产生 y'像偏转最大值的轴向，用单位自由矢量 $\boldsymbol{v}$ 表示。

③ z'像偏转极值轴向：平面光学系统绕其转动产生 z'像偏转最大值的轴向，用单位自由矢量 $\boldsymbol{w}$ 表示。

④ x'像偏转极值，y'像偏转极值，z'像偏转极值分别用 $\mu'_{x'\max}$、$\mu'_{y'\max}$、$\mu'_{z'\max}$ 表示。

（3）平面光学系统绕空间任意轴微量转动时产生的像偏转。

$$\begin{cases}\mu'_{x'} = \mu'_{x'\max} \cdot \cos\chi \\ \mu'_{y'} = \mu'_{y'\max} \cdot \cos\varepsilon \\ \mu'_{z'} = \mu'_{z'\max} \cdot \cos\kappa\end{cases} \tag{2-24}$$

式中：χ，ε，κ 分别为空间任意轴 $\boldsymbol{P}$ 和 $\boldsymbol{u}$、$\boldsymbol{v}$、$\boldsymbol{w}$ 的夹角。

平行光路中，平面光学系统微量转动时的动态成像特性可详见国家标准 GB 7660.1～7660.3—87。

（4）平面光学系统微量转动定理推广应用。

平面光学系统微量转动定理可推广应用到视放大倍率绝对值不为1的望远系统。

6）平面反射棱镜的特征方向，极值轴向和像偏转极值

表2-1和表2-2所列为平面反射棱镜的特征方向、极值轴向及像偏转极值。

表2-1和表2-2的应用如下：

（1）用斜方棱镜 XⅡ-0°进行多光轴平行度调校。

目前多光路系统应用越来越多，其中含白光、红外、激光等多路系统，要求各光轴平行。最原始的调校方法是远物法，即各光轴同时瞄准恒星（如北斗星），这种方法受天气、环境等因素影响，调校起来很困难。另一种方法是用大口径平行光管法，但当各光轴间距离大时，这样大的平行光管是很难找到的。

用斜方棱镜 XⅡ-0°绕空间任意轴旋转均不产生像偏转的特性可以用小口径平行光管进行多光路光学系统光轴平行度的调校，如图2-4所示。

表 2-1 平面非屋脊棱镜(包括 FP-0°)的特征方向、极值轴向及像偏转极值

轴	t 为奇数,成“镜像”		t 为偶数,成“相似像”	
	位 置	像偏转极值	位 置	像偏转极值
$\boldsymbol{T}$	入射光轴反向后和出射光线夹角平分线	0	垂直光轴截面	0
$\boldsymbol{u}$	入射光轴和出射光轴夹角平分线,与 X' 轴成锐角	$\mu'_{x'\max}=2\Delta\alpha\cos\dfrac{\beta}{2}$	入射光线反向后和出射光线夹角平分线,与 X' 轴成锐角	$\mu'_{x'\max}=2\Delta\alpha\sin\dfrac{\beta}{2}$
$\boldsymbol{v}$	入射光轴和出射光轴夹角平分线,与 Y' 轴成锐角	$\mu'_{y'\max}=2\Delta\alpha\cos\dfrac{\beta}{2}$	入射光轴和出射光轴夹角平分线,与 Y' 轴成锐角	$\mu'_{y'\max}=2\Delta\alpha\sin\dfrac{\beta}{2}$
$\boldsymbol{w}$	垂直光轴截面,和 Z' 轴同向	$\mu'_{x'\max}=2\Delta\alpha$	—	—
注	出射光轴和入射光轴方向相反时($\beta=180°$),棱镜绕空间任意轴旋转均不产生像倾斜($\mu'_{x'}=0$)		出射光轴和入射光轴方向相同时($\beta=0°$),棱镜绕空间任意轴旋转均不产生像偏转($\mu'_{x'}=\mu'_{y'}=\mu'_{z'}=0$)	
举例	DⅠ-60° 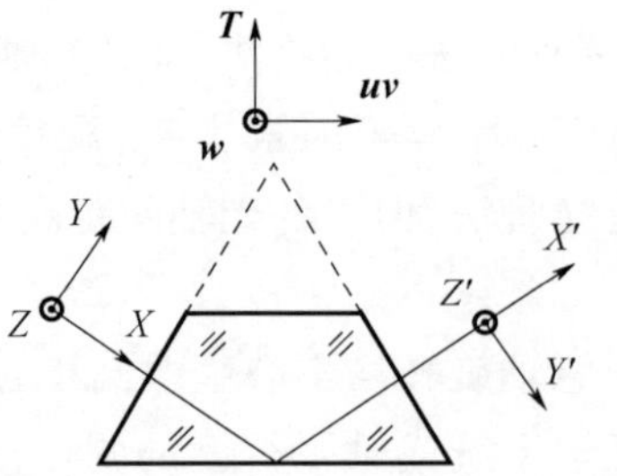		DⅡ-180° 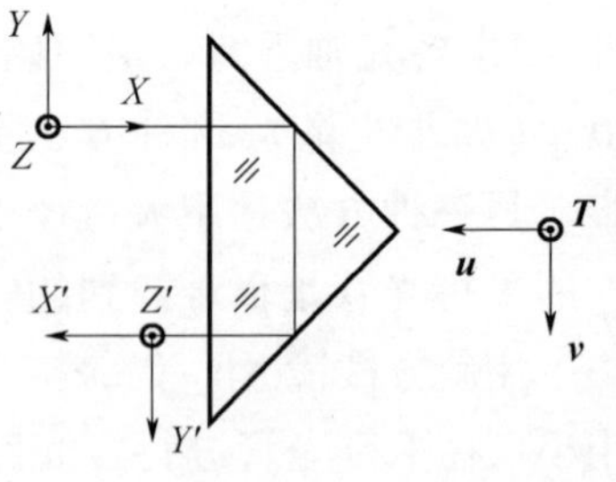	

表 2-2　平面屋脊棱镜的特征方向、极值轴向和像偏转极值

轴	t 为奇数,成"镜像"		t 为偶数,成"相似像"	
	位　置	像偏转极值	位　置	像偏转极值
$\boldsymbol{T}$	垂直光轴截面	0	入射光轴和出射光轴夹角平分线	
$\boldsymbol{u}$	入射光轴和出射光轴夹角平分线,与 X' 轴成锐角	$\mu'_{x'\max}=2\Delta\alpha\cos\dfrac{\beta}{2}$	入射光轴反向后和出射光轴夹角平分线,与 X' 轴成锐角	$\mu'_{x'\max}=2\Delta\alpha\sin\dfrac{\beta}{2}$
$\boldsymbol{v}$	入射光轴反向后和出射光轴夹角平分线,与 Y' 轴成锐角	$\mu'_{y'\max}=2\Delta\alpha\cos\dfrac{\beta}{2}$	入射光轴反向后和出射光线夹角平分线,与 Y' 轴成锐角	$\mu'_{y'\max}=2\Delta\alpha\cos\dfrac{\beta}{2}$
$\boldsymbol{w}$	—	—	垂直光轴截面,和 Z' 轴同向	$\mu'_{z'\max}=2\Delta\alpha$
注	出射光轴和入射光轴方向相反时($\beta=180°$),棱镜绕空间任意轴旋转均不产生像偏转($\mu'_{x'}=\mu'_{y'}=\mu'_{z'}=0$)		出射光轴和入射光轴方向相同时($\beta=0°$),棱镜绕空间任意轴旋转均不产生像倾斜($\mu'_{z'}=0$)	
举例	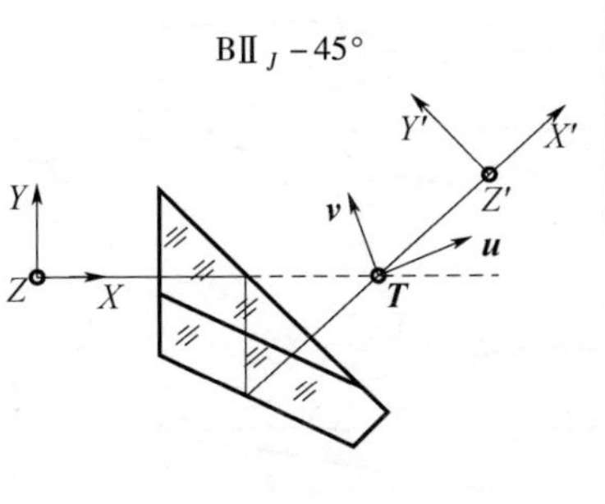 BⅡ$_J$-45° Y Z X Y′ X′ Z′ v u T		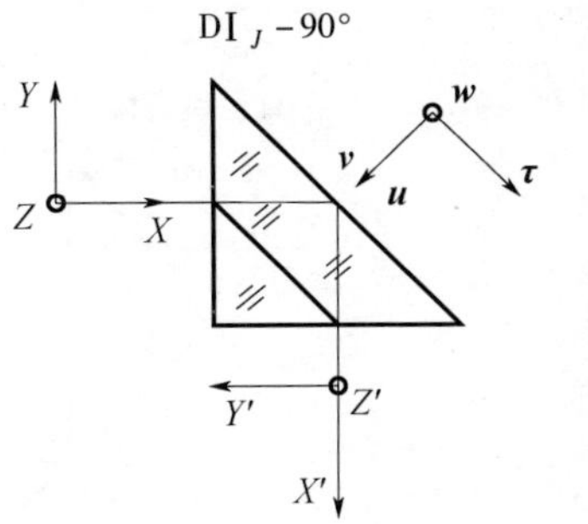 DⅠ$_J$-90° Y Z X w v u τ Y′ Z′ X′	

斜方棱镜位于实线位置时,使光学系统 1 光轴和平行光管光轴平

行;斜方棱镜转到虚线位置时使光学系统 2 光轴和平行光管光轴平行,从而两光学系统光轴平行。多光轴时斜方棱镜转不同的角度。

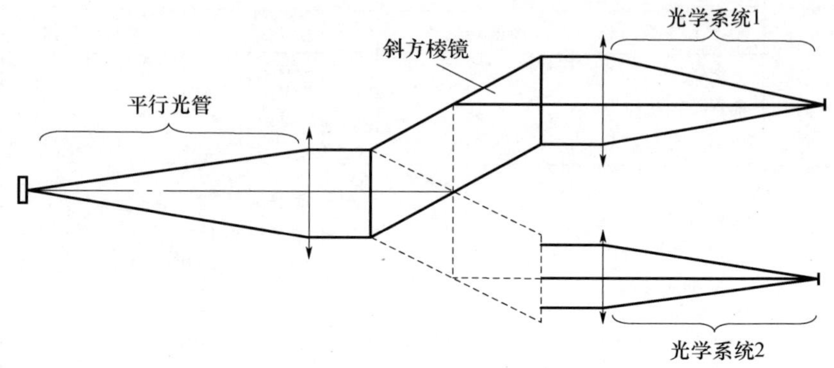

图 2 – 4　斜方棱镜 XⅡ – 0°进行多光轴平行度调校

(2) 用直角屋脊棱镜 $DⅡ_J$ – 180°特性的棱镜部件进行系统光轴平行度调校(图 2 – 5)。

有时连小口径平行光管也没有,特别是到野外现场,这种情况经常出现。为此应用直角屋脊棱镜 $DⅡ_J$ – 180°使光轴折转 180°,绕空间任意轴旋转均不产生像偏转的特性,进行各光学系统光轴平行度调校。由光学系统 1 轴上点发出的平行光束,经直角屋脊棱镜 $DⅡ_J$ – 180°反射后成像于光学系统 2 的分划中心,则说明两者光轴平行。棱镜的位置只要能覆盖光学系统即可,方向要求不严。

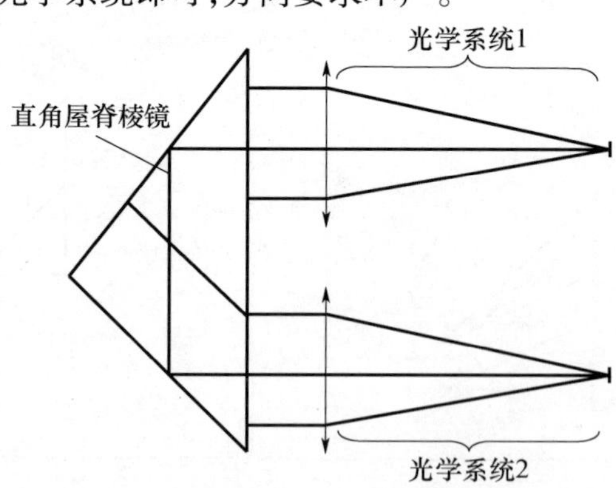

图 2 – 5　利用直角屋脊棱镜 $DⅡ_J$ – 180°特性的棱镜进行平行度调校

把斜方棱镜 DⅡ -0°和直角屋脊棱镜 $DⅡ_J$ -180°组合可以构成光学铰链,调校距离比较远的光学系统光轴平行度。

2.3 会聚光路中平面光学系统动态成像特征

由于受像差限制,位于会聚光路中的平面光学系统不允许大角度转动,因此在微量转动条件下研究平面光学系统的动态成像特性。

和透镜系统一样,希望能够找到平面光学系统的零值轴和等效节点,用它们来表征在会聚光路中的平面光学系统动态成像特性,使计算简化。

2.3.1 会聚光路中平面光学系统的零值轴

式(2-9)是计算会聚光路中光学系统运动产生像点位移的基本公式,它也可写成

$$\Delta \boldsymbol{O}' = \Delta\alpha \boldsymbol{P} \times \boldsymbol{O}' - \boldsymbol{R}\Delta\alpha \boldsymbol{P} \times \boldsymbol{O} \tag{2-25}$$

由式(2-10)可知,若转轴 $\boldsymbol{P}$ 取在轴上物点 O 和像点 O' 的连线 $\boldsymbol{OO'}$ 上,则 $\Delta \boldsymbol{O}'=0$,平面光学系统微量绕 $\boldsymbol{P}$ 转动不会产生像点位移,故 $\boldsymbol{OO'}$ 是会聚光路中平面光学系统的零值轴。

2.3.2 会聚光路中平面光学系统的等效节点

由于平面光学系统的光轴在空间折转,不像透镜系统在一条线上,所以其作用矩阵一般不为对角阵,按式(2-10)求解等效节点时除几种特殊平面光学系统外均无解,即并非所有平面光学系统都存在等效节点。下面先讲述这些特殊平面光学系统的等效节点。

只有部分入射光轴截面和出射光轴截面重合或平行的平面光学系统才有等效节点。入射光轴截面和出射光轴截面相交的平面光学系统(如空间棱镜)不存在等效节点。

应当指出,式(2-9)中矩阵 $\boldsymbol{O}$ 和 $\boldsymbol{O}'$ 与反射次数有关,因此物坐标 $Oxyz$ 一律取右手直角坐标系,而像坐标 $O'x'y'z'$ 取决于反射次数:t 为奇数时为左手直角坐标系;t 为偶数时为右手直角坐标系。如果将标定坐标系取为像坐标 $O'x'y'z'$,那么当它为左手直角坐标系时,矢量为

伪矢量。矩阵 $\boldsymbol{O}$ 和 $\boldsymbol{O}'$ 不同于右手直角坐标系情况，为此，有

$$\boldsymbol{O}=(-1)^{t}\begin{bmatrix}0 & -O_{z'} & O_{y'}\\ O_{z'} & 0 & -O_{x'}\\ -O_{y'} & O_{x'} & 0\end{bmatrix}\tag{2-26a}$$

$$\boldsymbol{O}'=(-1)^{t}\begin{bmatrix}0 & -O'_{z'} & O'_{y'}\\ O'_{z'} & 0 & -O'_{x'}\\ -O'_{y'} & O'_{x'} & 0\end{bmatrix}\tag{2-26b}$$

1. 非屋脊平面光学系统

1）反射次数 t 为奇数

只有当出射光轴和入射光轴反向时，即光轴折转 180°且位于一条直线上的平面光学系统如等腰棱镜 DⅢ－180°（图 2－6）才有等效节点，因为此时作用矩阵为对角阵，即

$$\boldsymbol{R}=\begin{bmatrix}-1 & 0 & 0\\ 0 & 1 & 0\\ 0 & 0 & 1\end{bmatrix}\tag{2-27}$$

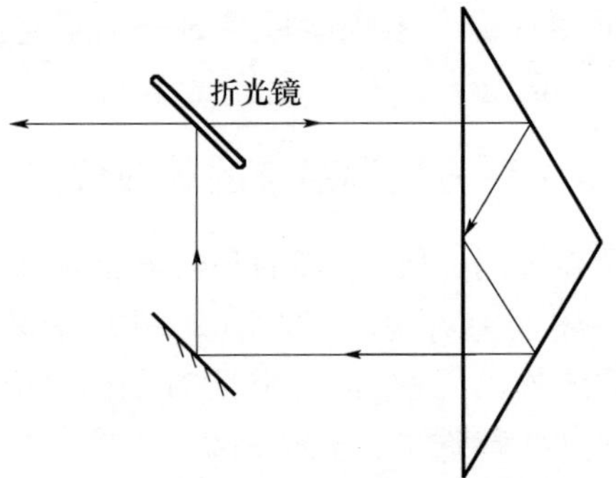

图 2－6　等腰棱镜 DⅢ－180°

将式（2－27）代入式（2－10），有

$$\begin{bmatrix}-1 & 0 & 0\\ 0 & 1 & 0\\ 0 & 0 & 1\end{bmatrix}\begin{bmatrix}0 & O_{z'} & -O_{y'}\\ -O_{z'} & 0 & O_{x'}\\ O_{y'} & -O_{x'} & 0\end{bmatrix}-\begin{bmatrix}0 & O'_{z'} & -O'_{y'}\\ -O'_{z'} & 0 & O'_{x'}\\ O'_{y'} & -O'_{x'} & 0\end{bmatrix}=0$$

解之，得

$$O'_{y'}=O_{y'}=O'_{z'}=0;O'_{x'}=O_{x'}=\infty$$

此结果说明等效节点 J_0 位于入射光轴的无限远处，平面光学系统垂直入射光轴微量移动不产生像点位移。

2）反射次数 t 为偶数

只有当入射光轴和出射光轴平行时，即光轴折转角 $\beta=0°$ 的平面光学系统斜方棱镜 XⅡ -0°（图 2-7）才有等效节点，此类系统尚有平板玻璃等，因为此时作用矩阵为单位矩阵。

$$\boldsymbol{R}=\begin{bmatrix}1&0&0\\0&1&0\\0&0&1\end{bmatrix}$$

代入式（2-10），得

$$O'_{x'}=O_{x'};O'_{y'}=O_{y'};O'_{z'}=O_{z'}$$

此结果说明等效节点 J_0 位于空间任意方向的无限远处，平面光学系统微量移动不产生像点位移。

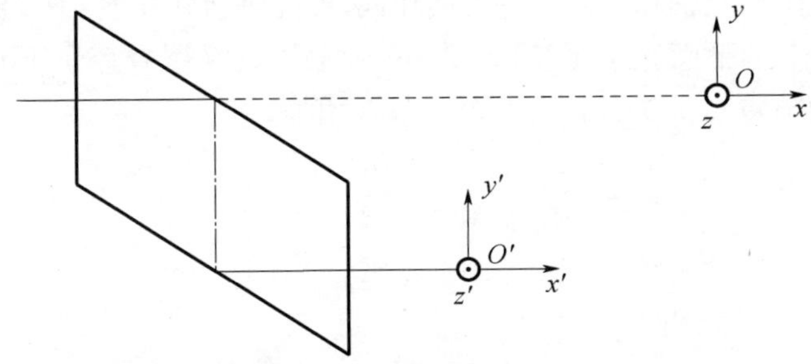

图 2-7　斜方棱镜 XⅡ -0°

2. 有屋脊的平面光学系统

1）反射次数 t 为奇数

只有出射光轴和入射光轴反向，即光轴折转角 $\beta=180°$ 的平面光学系统如直角屋脊棱镜 DⅡ_J -180°（图 2-8）才有等效节点。因为此时作用矩阵为对角矩阵，即

$$\boldsymbol{R}=\begin{bmatrix}-1&0&0\\0&-1&0\\0&0&-1\end{bmatrix}$$

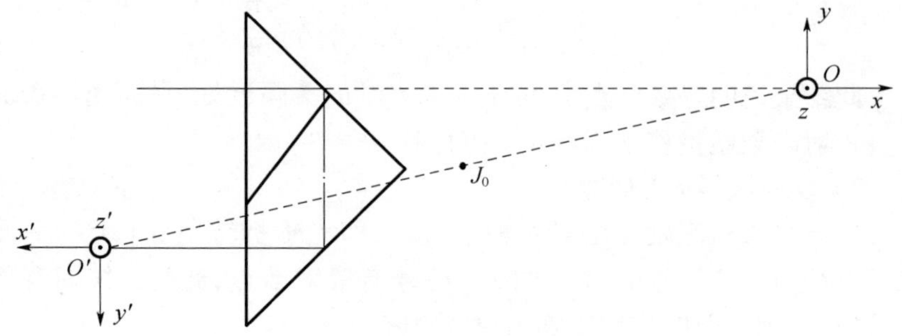

图 2－8　直角屋脊棱镜 $DⅡ_J-180°$

代入式(2－10),得

$$O'_{x'}=-O_{x'};O'_{y'}=-O_{y'};O'_{z'}=-O_{z'}$$

此结果说明等效节点 J_0 位于 O 和 O'连线的中点处。平面光学系统绕此点微量转动不产生像点位移。此类系统尚有角镜等。

2）反射次数 t 为偶数

只有出射光轴和入射光轴方向相同,即光轴折转角 $\beta=0°$,且位于同一条直线上的平面光学系统(图 2－9 所示的别汉屋脊棱镜 $FBV_J-0°$)才有等效节点。因为此时作用矩阵为对角阵,即

$$\boldsymbol{R}=\begin{bmatrix}-1 & 0 & 0\\ 0 & -1 & 0\\ 0 & 0 & -1\end{bmatrix}$$

代入式(2－10),得

$$O'_{x'}=-O_{x'};O'_{y'}=-O_{y'}=O'_{z'}=O_{z'}=0$$

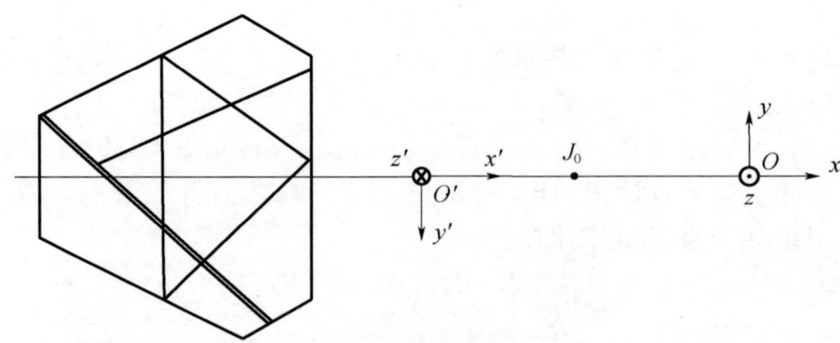

图 2－9　别汉屋脊棱镜 $EBV_J-0°$

此结果说明等效节点 J_0 位于入射光轴上，且在 O 和 O' 连线的中点处。平面光学系统绕此点微量转动不产生像点位移。此类系统尚有阿贝屋脊棱镜 FAⅢ$_J$ - 0°等。

等效节点是三维零值点，因为光学系统绕通过该点的空间任何轴线的微量转动均不产生像点位移。带有棱镜的光学系统一般无法找到三维零值点。

由式(2-10)尚可求解一维、二维零值点及一维、二维零值轴和零值平面，但必然将问题复杂化，使读者不易理解和掌握，故本书就不再赘述。

第3章

扫描、扫瞄和模拟光学系统

光学系统分为非成像光学系统和成像光学系统。其中非成像光学系统是能量传递系统,成像光学系统既传递能量信息又传递图像信息。自激光问世以来非成像光学系统被广泛应用,主要用于扫瞄;成像光学系统则用于成像,即在扫瞄的同时还要进行观察和瞄准;模拟系统也属于成像光学系统,主要用于投影和训练器。

3.1 扫描光学系统①

3.1.1 一维扫描系统

利用激光的高方向性,可以设计激光扫描光学系统,用于制造印刷线路板、激光打印机和机械零件外形尺寸测量等。简单的扫描光学系统如图3-1所示。

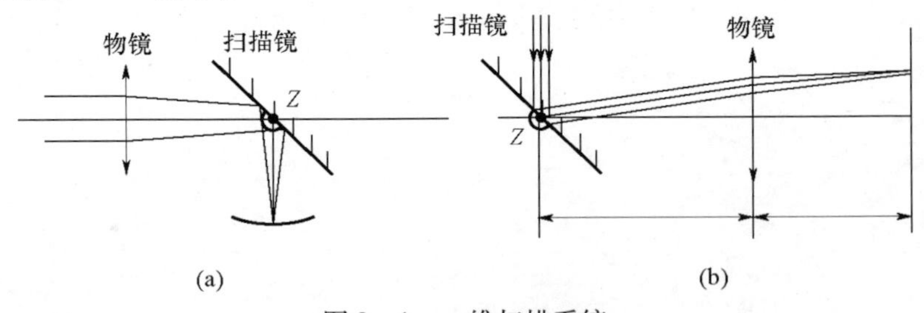

图3-1 一维扫描系统

(a)物镜后扫描光学系统;(b)物镜前扫描光学系统。

① 对光束进行推扫,主要用非成像光学系统。

物镜后扫描光学系统是将扫描反射镜置于物镜后面,它绕图中 Z 轴旋转,扫描像点运动轨迹为一圆弧。接收器件应置于此圆弧上。它的优点是物镜口径相对较小,且只要求校正轴上点像差。

物镜前扫描光学系统是将扫描镜通过物镜前焦点,在反射面上设置孔径光阑,构成远心光路,扫描镜绕 Z 轴转动时,扫描像点运动轨迹在物镜像方焦平面上,接收器件置于此平面上即可。它要求物镜口径大,且为 $f\theta$ 物镜,所谓 $f\theta$ 物镜是一种负畸变物镜,这种物镜的特点是焦平面上像高为

$$y' = f'\theta \tag{3-1}$$

而无畸变物镜像高为

$$y'_0 = f' \cdot \tan\theta \tag{3-2}$$

$f\theta$ 物镜畸变为

$$\Delta y = y' - y'_0 = f'(\theta - \tan\theta) \approx -\frac{\theta^3}{3}f' \tag{3-3}$$

由像差理论可知,畸变与视场的三次方成正比,故 $f\theta$ 物镜设计起来并不困难,这种扫描光学系统用得比较多,其工作原理如图 3-2 所示。

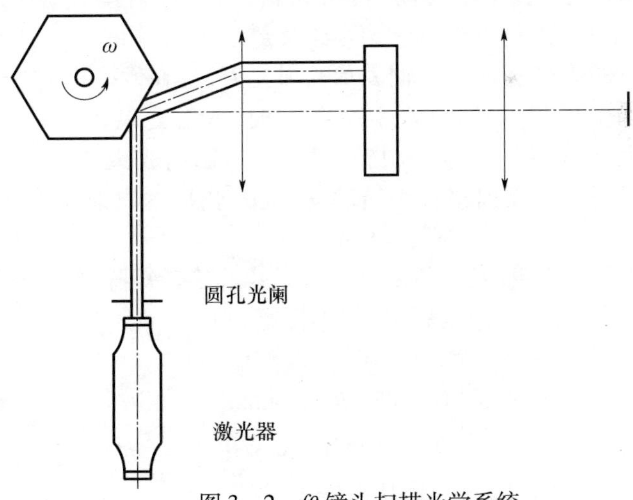

图 3-2 $f\theta$ 镜头扫描光学系统

应当指出,一些 $f\theta$ 镜头只考虑畸变问题,主光线不严格平行光轴,

被测件只能在一段距离保证测量精度。本书作者在文献[5]给出结论 $f\theta$ 镜头采用像方远心光路对主光线校正球差,在 2m 范围内主光线高度差小于 0.2μm,供读者参考。

3.1.2 二维扫描系统

用两块扫描镜可使激光光束二维运动,其原理如图 3-3 所示。

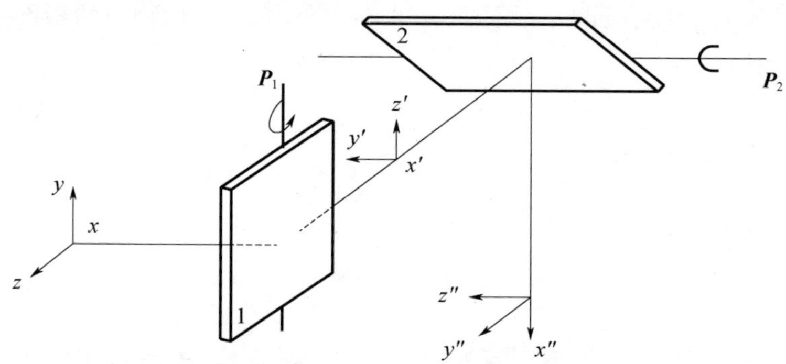

图 3-3 激光光束二维运动的双扫描镜原理图

平面反射镜 1 绕 $\boldsymbol{P}_1$ 轴转动,转角为 θ_1,平面反射镜 2 绕 $\boldsymbol{P}_2$ 轴转动,转角为 θ_2。xyz 为物坐标,$x'y'z'$为经反射镜 1 后的像坐标,$x''y''z''$为经两反射镜后的像坐标。用 x 轴表示入射光束,且在像坐标 $x''y''z''$内标定,设 $x''y''z''$的坐标基为 i'',j'',k'',初始位置时,入射光束 $\boldsymbol{A}=-k''$,经反射镜 1 后光束 $\boldsymbol{A}'=-j''$,再经反射镜 2 后,最后出射光束 $\boldsymbol{A}''=i''$。由动态光学理论可得出两反射镜分别转动 θ_1 和 θ_2 角后的出射光束 $\boldsymbol{A}''_{\mathrm{m}}$ 为

$$\boldsymbol{A}''_{\mathrm{m}}=\boldsymbol{S}_2\boldsymbol{R}_2\boldsymbol{S}_1\boldsymbol{A}' \tag{3-4}$$

式中:$\boldsymbol{S}_1$,$\boldsymbol{S}_2$ 分别为反射镜 1 和 2 转动后光线的旋转矩阵;$\boldsymbol{R}_2$ 为反射镜 2 的作用矩阵,它们均在像坐标 $x''y''z''$内标定,则

$$\boldsymbol{S}_1=\begin{bmatrix}1 & 0 & 0\\ 0 & \cos2\theta_1 & \sin2\theta_1\\ 0 & -\sin2\theta & \cos2\theta_1\end{bmatrix} \tag{3-5}$$

$$\boldsymbol{R}_2=\begin{bmatrix}0 & -1 & 0\\ -1 & 0 & 0\\ 0 & 0 & 1\end{bmatrix} \tag{3-6}$$

$$
\boldsymbol{S}_2 = \begin{bmatrix} \cos 2\theta_2 & \sin 2\theta_2 & 0 \\ -\sin 2\theta_2 & \cos 2\theta_2 & 0 \\ 0 & 0 & 1 \end{bmatrix} \tag{3-7}
$$

$$
\boldsymbol{A}' = \begin{bmatrix} 0 \\ -1 \\ 0 \end{bmatrix}
$$

将式(3－5)～式(3－8)代入式(3－4),得

$$
\boldsymbol{A}''_{\mathrm{m}} = \begin{bmatrix} A_{\mathrm{m}x''} \\ A_{\mathrm{m}y''} \\ A_{\mathrm{m}z''} \end{bmatrix} = \begin{bmatrix} \cos 2\theta_1 \cos 2\theta_2 \\ -\cos 2\theta_1 \sin 2\theta_2 \\ \sin 2\theta_1 \end{bmatrix} \tag{3-8}
$$

通过计算机程序控制两反射镜的转角 θ_1 和 θ_2,从而使出射光束轨迹按一定规律运动,可画出各式各样的图形。

3.1.3 捕获、导引系统

随着 CCD、CMOS 这些新型接收器件的出现,使光学和电子学、计算机技术结合得更加密切,先进的光电仪器是光、机、电一体化的。但是,目前 CCD、CMOS 器件尺寸还比较小,特别是面阵 CCD、CMOS,它限制了光电仪器的视场。例如欲测定导弹的飞行轨迹,需使用光电跟踪经纬仪,在保证探测距离的前提下,光电跟踪经纬仪光学系统的焦距比较大,从而视场比较小,一般仅 1°左右,这给捕获和跟踪带来很大的困难。为此专门设计一种捕获、导引系统,确定了导弹的空间方位后,导引给光电跟踪经纬仪,确保不丢失目标。此捕获、导引系统可采用别汉棱镜 FBV－0°扫描,如图 3－4 所示。在物镜焦平面上放置线阵 CCD 或 CMOS(目前线阵 CCD 尺寸可做得比较大),别汉棱镜 FBV－0°绕光轴旋转,线阵 CCD 或 CMOS 投向空间的像以两倍速度旋转,扫到目标后便可确定目标的空间方位。

用光电跟踪经纬仪跟踪飞鱼导弹,由于光电跟踪经纬仪视场小,即使开始将光电跟踪经纬仪对准发射口,导弹发射后也常丢失目标。图 3－4所示的别汉棱镜 FBV－0°扫描系统利用该棱镜绕光轴转 α 角,像旋转 2α 角的特性,可实时扫到导弹。根据两正交线阵 CCD 或

CMOS 组成的十字线和别汉棱镜 FBV－0°的转角,便可确定导弹的空间方位,导入光电跟踪经纬仪,不但使其始终跟踪导弹,而且还能拍摄到靶标上的弹着点,测出脱靶量。

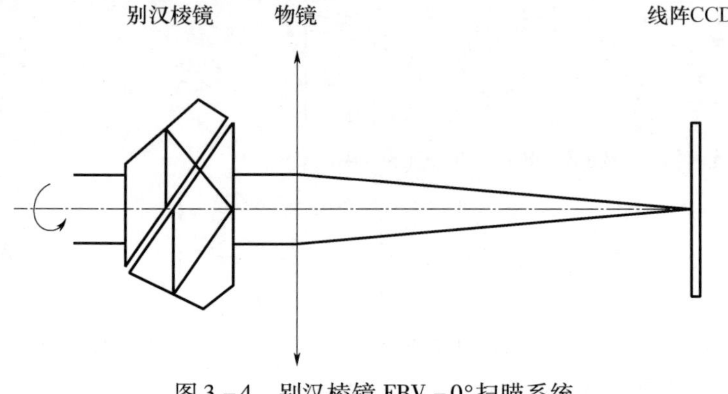

图 3－4　别汉棱镜 FBV－0°扫瞄系统

3.2　扫瞄光学系统[①]

一般的光学系统无法做到在一个很大视场内对任意目标进行详细观测,这不单是因为视场和倍率成反比,就光学系统自身结构也是不可能的。解决的办法是使光学系统运动,通过运动进行扫瞄跟踪以解决小视场与大倍率的问题。方法大体有两种:一是使整个光学系统运动,属于机械扫瞄光学系统,常见的如经纬仪;二是接收器件静止不动,对准目标是靠扫瞄头(光学探头)的运动来完成。这里只讨论后者。

3.2.1　周视瞄准镜

下面以周视瞄准镜为例说明平面光学系统转动定理的应用。

周视瞄准镜(又称巴拿马瞄准镜),在 20 世纪 40 年代就在坦克及各种战车上使用,其特点是在瞄准手不动的情况下进行 360°的水平周视。下面用平面光学系统转动定理说明其工作原理。

周视瞄准镜光学系统如图 3－5 所示。

---

① 除了对光束进行推扫外,还进行跟踪、瞄准,主要用于成像光学系统。

周视瞄准镜工作时，直角棱镜 DⅠ -90°绕竖轴转 α 角，道威棱镜 DⅠ -0°同方向绕竖轴转 $\alpha/2$ 角，即可在垂面光学系统不动的情况下进行水平 360°周视。

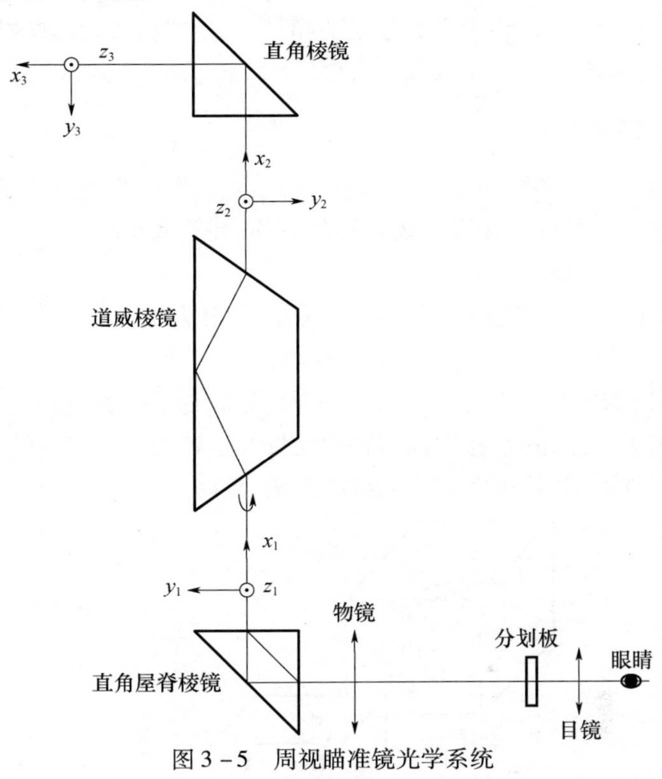

图 3 -5　周视瞄准镜光学系统

逆光路进行分析，x,y,z 为道威棱镜下面的直角坐标，经其成像后变为 $x_2y_2z_2$，再经直角棱镜成像为 $x_3y_3z_3$。

首先分析直角棱镜绕竖轴 $x_2(x_1)$ 旋转 α 角，由平面光学系统转动定理式(2 -20)可知，此时转轴 $\boldsymbol{P}$ 为 x_2，$\boldsymbol{P}'$ 为 x_3，当直角棱镜绕 x_2 旋转 α 角后，$x_3y_3z_3$ 坐标绕竖轴 x_2 转 α 角，可进行水平周视。但与此同时 $x_3y_3z_3$ 又绕转动后的 $\boldsymbol{P}' \to \boldsymbol{P}'_m$ 转 α 角，绕竖轴转动后，像绕 x_3 转 α 角，即周视的同时产生像倾斜，故单独用直角棱镜绕竖轴旋转进行周视后会产生像倾斜，为此必须用道威棱镜绕竖轴的旋转补偿像倾斜。

然后分析道威棱镜绕竖轴旋转的情况：转轴 x_1，经道威棱镜成像

后为 x_2，由式(2－20)知 $\boldsymbol{P}$ 为 x_1，$\boldsymbol{P}'$ 为 x_2，且 $\boldsymbol{P}'_m$ 仍为 x_2，故道威棱镜绕竖轴转 α 角，坐标绕竖轴转 2α，经直角棱镜成像后 $x_3y_3z_3$ 转动方向改变(右旋变为左旋)。

结论：为保证周视时无像倾斜，直角棱镜、道威棱镜均绕竖轴同向旋转，直角棱镜转 α 角，道威棱镜转 $\alpha/2$。机械上可用差动机械实现此运动。

3.2.2 二维扫瞄头

将扫描光学系统用于成像光学系统就变成了扫瞄光学系统。它的优点是只转动扫瞄头便可实现目标的扫瞄、捕获和跟踪，使光电仪器结构简单，操作方便。

典型的二维扫瞄头如图 3－6 所示。它由法线异面正交的两个反射镜组成。反射镜 M_1 绕水平轴 x' 转动，两反射镜 M_1，M_2 同时绕竖轴 $x''(SH)$ 转动，实现对观察景物全方位扫瞄、跟踪。成像光学系统可安装在扫瞄头下方，并带有像倾斜补偿元件。这种扫瞄、跟踪系统不但可使接收器件不动，且可实现多光谱的扫瞄、跟踪。

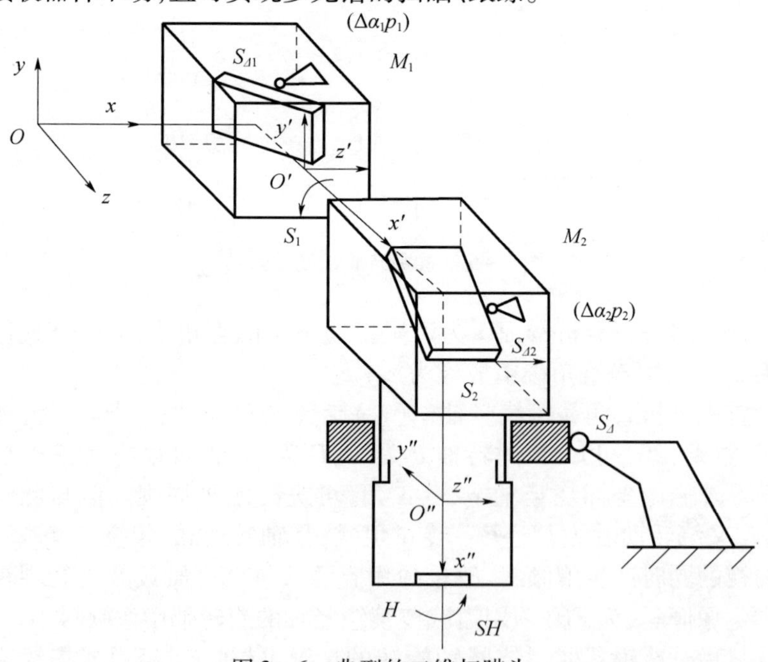

图 3－6 典型的二维扫瞄头

图 3-7 所示为二维扫瞄系统立体图。下面用平面系统转动定理式(2-20)

$$A'_{M}=Q_{m}^{(-1)^{t-1}}SA'$$

说明其工作原理。

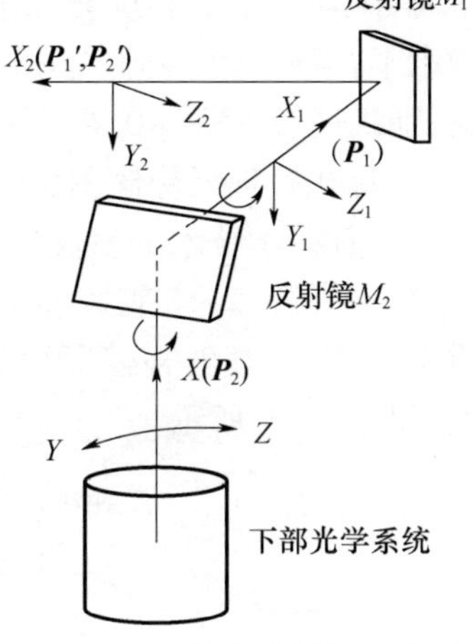

图 3-7　二维扫瞄系统立体图

此类扫瞄系统已被用于非成像系统的空间激光通信上,由于无需消除像倾斜,用两块反射镜 M_1 和 M_2 组合运动即可实现全方位激光通信的捕获、扫瞄、跟踪,国内外有些卫星间激光通信系统就是采用这种二维扫瞄系统。

至于成像光学系统,二维扫瞄系统在扫瞄的同时还要消除像倾斜,在下部光学系统的前面需加消像倾斜元件,为说明清楚,将图 3-7 改为平面图 3-8。

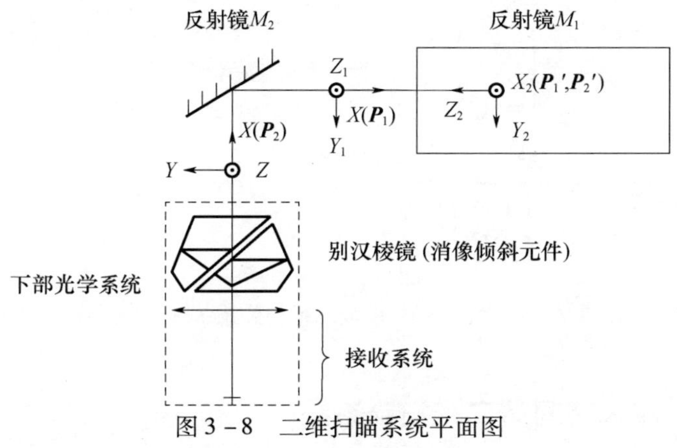

图 3-8　二维扫瞄系统平面图

当平面反射镜 M_1 绕 $P_1(x_1)$ 轴右旋 α 角时,由平镜系统转动定理式(2-20)可知:像矢量(坐标)首先绕 P_1 轴转 α 角,可进行俯仰扫瞄 α 角,然后绕转动后的出射光轴 $x_2(P'_{1m})$ 右旋 α 角(像倾斜)。为消除此像倾斜,别汉棱镜 FBV-0°需绕 x 轴左旋 $\alpha/2$ 角(因别汉棱镜 FBV-0°前有两块反射镜);而两平面反射镜 M_1 和 M_2 一起绕 $x(P_2)$ 轴右旋 β

角时，同样由平面系统转动定理知：像矢量首先绕 $\boldsymbol{P}_2$ 轴右旋 β 角，可实现水平扫瞄 β 角，然后绕出射光轴 $x_2(\boldsymbol{P}'_{2m})$ 左旋 β 角，为消除此像倾斜、别汉棱镜 FBV－0°需绕 $x(\boldsymbol{P}_2)$ 轴右旋 $\beta/2$ 角，这样便可进行全方位的空间扫瞄，且无像倾斜，实现经纬仪的功能。

随着科学技术的发展，特别是航天事业的需求，光学系统正在向宽光谱、高分辨率、高速率、大信息量方向发展。为此，需采用反射系统。图 3－8 中像倾斜补偿元件别汉棱镜 FBV－0°改用反射镜元件，如 K 镜，如图 3－9 所示。

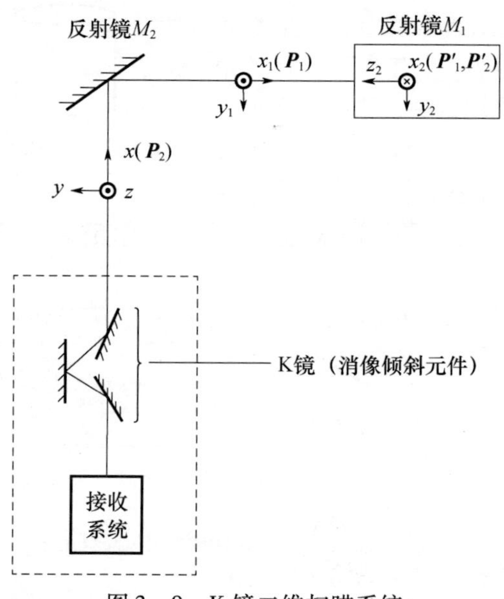

图 3－9　K 镜二维扫瞄系统

3.2.3　航天空间站二维扫瞄系统

航天空间站希望将头部装在舱外，将接收系统置于舱内进行二维扫瞄，便于调试和维护，如图 3－10 所示的航天空间站二维扫瞄系统。

由 3.2.2 节分析可以看出：用平面镜旋转进行扫瞄，带来的问题是像倾斜问题，需用一消倾斜元件，但这样可能造成反射元件口径过大。

众所周知，经纬仪可以进行二维空间扫瞄，没有像斜问题，其根本原因是整个光学系统绕两轴（水平轴和铅垂轴）旋转，且光学系统旋转时不产生像倾斜（无反射镜和棱镜或带有不产生像倾斜反射镜、棱镜系统）。

空间站的光学系统既可观察瞄准地球又可观察瞄准空间的星体，故在高低方向应可旋转 360°，在水平方向扫瞄 ±5°即可。

接收系统置于舱内便于维护，扫瞄头放在舱外，中间应用平行光路对接，且扫瞄系统的出瞳应为接收系统的入瞳，即瞳孔对接，同时转轴置于对接处。

为保证扫瞄时不产生像倾斜，整个光学系统平面元件采用 4 块平面反射镜，如图中反射镜 M_1、M_2、M_3、M_4，且它们的入射光轴 X_1 和出射光轴 X_4 平行，夹角为 0°。

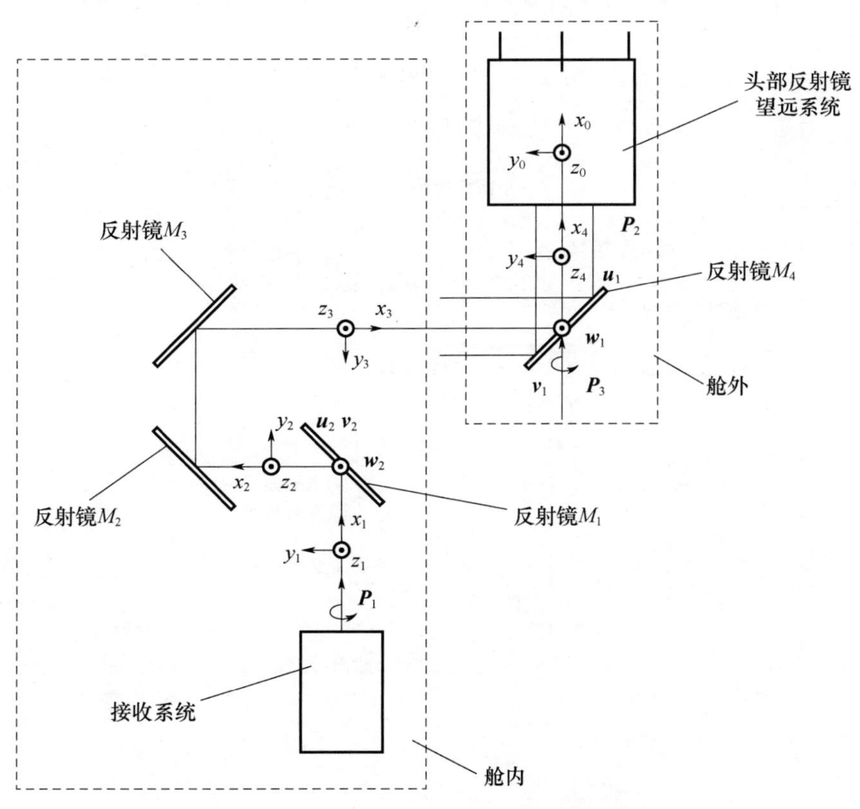

图 3－10　航天空间站二维扫瞄系统示意图

实例：

由上面可以看出，对于成像光学系统，用平面反射镜、反射棱镜系统扫瞄，绕 $\boldsymbol{w}$ 轴旋转可以进行一个方向扫瞄，绕 $\boldsymbol{v}$ 轴旋转进行另一个方向扫瞄，但由于 $\boldsymbol{v}$ 和 $\boldsymbol{u}$ 轴共线，因此会产生像倾斜，故后面必须加一个像倾斜补偿元件，如道威棱镜 DI－0°、别汉棱镜 FBV－0°、K 镜等，也是由于条件限制不允许加这种像倾斜补偿元件，因此必须寻求别的途径。

众所周知，经纬仪可以进行二维扫瞄，没有像倾斜问题，据此，设计一种用于卫星空间的二维扫瞄系统。

卫星空间站位于太空中，需对地球和空间星体进行观测，在一个方向上应是360°的，另一方向也要有一定的角度。

图 3－11 所示为作者设计的用于空间站上的二维扫瞄系统。

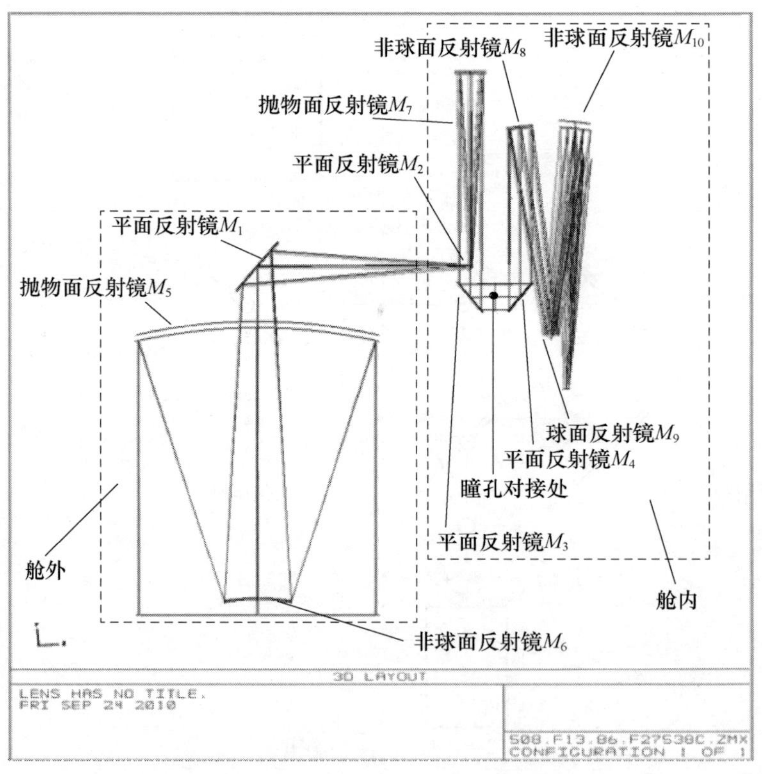

图 3－11　航天空间站二维扫瞄系统实例图

技术指标：

· 焦距：$f'=27517.8\text{mm}$；

· 入瞳直径：$D=2000\text{mm}$；

· 视场 2ω：水平 17°，高低 0.1°；

· 扫瞄视场：水平 ±5°，高低：360°。

设计思想：

（1）用平面反射镜和反射棱镜系统进行扫瞄必须通过像倾斜补偿元件（如道威棱镜 DⅠ-0°、别汉棱镜 FBV-0°、K 镜等），且它们须位于平行光路中，当通光口径比较大时，它们的口径相应增大；如用缩束系统将通光口径缩小，视场会相应增大，仍会造成平面反射镜和反射棱镜系统及像移补偿元件尺寸增大，为此选用经纬仪式扫瞄系统。

（2）当采用经纬仪式扫瞄系统时，必须注意到系统中的平面反射镜系统在运动中不产生像倾斜，反射次数 t 为偶数（本设计案例 $t=4$）。

（3）从技术指标可以看出，太空空间站所用的相机焦距较长，将其放在太空舱外是不适宜的，应将转轴置于舱内。故此，此系统分为扫瞄头和接收部分，前者放在舱外，后者放在舱内。扫瞄头为一缩束系统，平行光入射，平行光射出。两者应窗口对接，对接窗口位于平行光路中，理论上讲，扫瞄头的出瞳为接收系统的入瞳，如图 3-11 所示。

（4）目前太空摄影系统正在向宽光谱方向发展，故本设计案例采用反射式光学系统。

（5）设计时应考虑加工和装调的工艺性。本设计案例反射镜 M_5 和反射镜 M_7 为抛物面，反射镜 M_9 为球面，反射镜 M_6、M_8、M_{10} 是圆锥系数为零的偶次非球面。

设计结果：

表 3-1 为光学系统的结构参数。上面为曲率半径等，下面为高次项系数。彩图 3-12 为点列图和调制传递函数 MTF 曲线、点扩散函数、像散及场曲曲线。可以看出像质非常好，调制传递函数 MTF 接近衍射极限。

表 3-1 航天空间站二维扫瞄光学系统参数

Lens Data Editor

Edit Solves Options Help

Surf:Type		Radius	Thickness	Glass	Semi-Diameter	Conic
OBJ	Standard	Infinity	Infinity		Infinity	0.000000
1*	Standard	Infinity	2040.000000		1135.000000 U	0.000000
2*	Standard	-5329.900000	-1920.000000	MIRROR	1115.000000 U	-1.000000
STO	Even Asphere	-1816.200000	2350.000000	MIRROR	279.536201	0.000000
4	Coordinate B..		0.000000	-	0.000000	
5	Standard	Infinity	0.000000	MIRROR	245.854794	0.000000
6	Coordinate B..		-1790.000000	-	0.000000	
7	Coordinate B..		0.000000	-	0.000000	
8*	Standard	Infinity	0.000000	MIRROR	225.171990	0.000000
9	Coordinate B..		1380.000000	-	0.000000	
10*	Standard	-2747.500000	-1591.000000	MIRROR	396.618737	-1.000000
11	Coordinate B..		0.000000	-	0.000000	
12	Standard	Infinity	0.000000	MIRROR	151.969884	0.000000
13	Coordinate B..		210.000000	-	0.000000	
14	Standard	Infinity	210.000000		101.506589	0.000000
15	Coordinate B..		0.000000	-	0.000000	
16	Standard	Infinity	0.000000	MIRROR	144.314357	0.000000
17	Coordinate B..		-1200.000000	-	0.000000	
18	Coordinate B..		0.000000	-	0.000000	
19*	Even Asphere	5540.920000	1455.000000	MIRROR	314.395496	0.000000
20*	Standard	1754.740000	-1455.000000 P	MIRROR	412.692302	0.000000
21*	Even Asphere	2575.240000	0.000000	MIRROR	1166.941983	0.000000
22	Coordinate B..		1879.764611 V	-	0.000000	
IMA*	Standard	Infinity	-		477.077287	0.000000

Lens Data Editor

Edit Solves Options Help

Surf:Type		Par 2(unused)	Par 3(unused)	Par 4(unused)
OBJ	Standard			
1*	Standard			
2*	Standard			
STO	Even Asphere	4.311705E-011 V	0.000000	0.000000
4	Coordinate B..	0.000000	-45.000000	0.000000
5	Standard			
6	Coordinate B..	0.000000	-45.000000	0.000000
7	Coordinate B..	0.000000	45.000000	0.000000
8*	Standard			
9	Coordinate B..	0.000000	45.000000	0.000000
10*	Standard			
11	Coordinate B..	0.000000	45.000000	0.000000
12	Standard			
13	Coordinate B..	0.000000	45.000000	0.000000
14	Standard			
15	Coordinate B..	0.000000	45.000000	0.000000
16	Standard			
17	Coordinate B..	0.000000	45.000000	0.000000
18	Coordinate B..	0.000000	-5.000000	0.000000
19*	Even Asphere	-1.426487E-012 V	2.001498E-018 V	-8.440233E-024 V
20*	Standard			
21*	Even Asphere	1.493487E-012 V	1.637511E-019 V	1.058133E-025 V
22	Coordinate B..	0.000000	0.000000	0.000000
IMA*	Standard			

3.2.4 旋转双光楔扫瞄

光楔在楔角比较小的情况下,光线的偏折角 δ 可近似为

$$\delta = (n-1)\theta \tag{3-9}$$

式中:n 为光楔材料折射率;θ 为楔角。

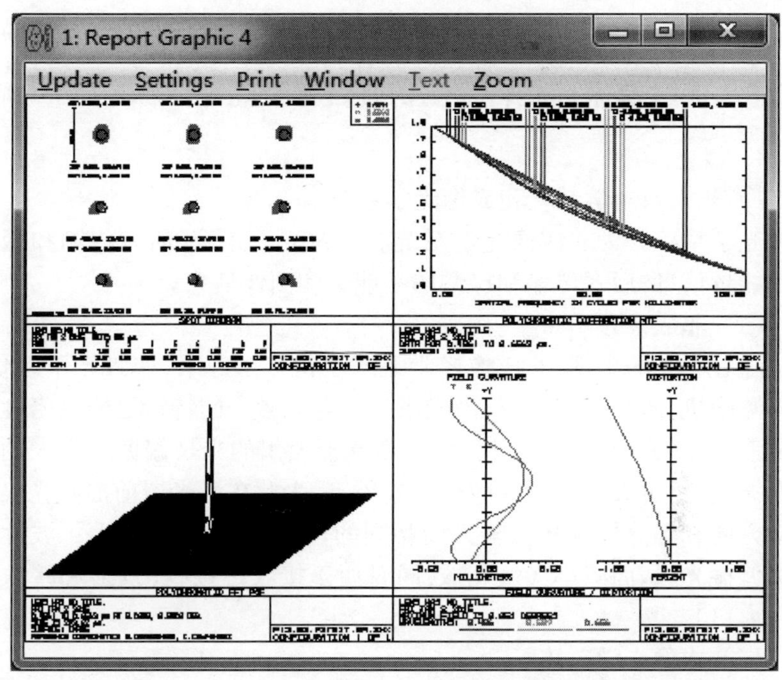

图 3－12　点列图、调制传递函数 MTF、点扩散函数及像散畸变曲线

用两个 θ 相等的双光楔相对旋转可进行一个方向的扫瞄，如图 3－13 所示。

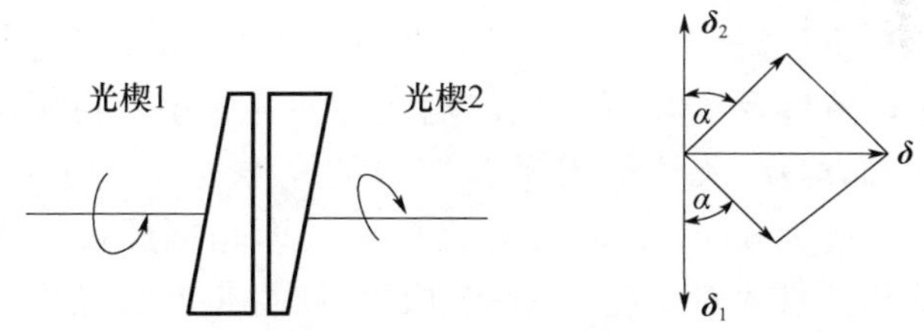

图 3－13　旋转双光楔扫瞄

在图 3－13 所示位置时，当两光楔楔角相等时 $\boldsymbol{\delta}_1$ 和 $\boldsymbol{\delta}_2$ 方向相反、数值相等，光线偏折角 $\delta=\delta_2-\delta_1=0$。当两者以相反相等角度旋转时，由平行四边形法则知，$\delta=2\delta_1\sin\theta=2\delta_2\sin\theta$，这样便可水平方向扫瞄。如果将光楔方向绕水平方向转 90°，则可进行高低方向扫瞄。

用两个旋转双光楔组合,便可以进行水平、高低方向的二维扫瞄。

3.2.5 通过偏振片旋转探测伪装目标及隐身目标

1. 概述

1）非成像光学系统和成像光学系统

光学系统分为非成像光学系统和成像光学系统,前者传输和探测的是能量信息,后者传输和探测的是能量和图像信息。

（1）非成像光学系统。

随着激光的出现,非成像光学系统变得多了起来,如激光干涉仪、激光测距机、激光通信系统、激光医疗机等。激光的特点是能量密度大(强度大)、单色性好(相干性强)。激光器发出的光是偏振度很大的部分偏振光,经过大气层后衰减得比较厉害,为此在激光器前加一光矢量振动方向和部分偏振光长轴方向相同的偏振片,然后经一 1/4 波片变为圆偏振光,从而减小大气衰减,同时便于接收端接收(发射和接收用同一窗口)。

（2）成像光学系统。

成像光学系统除传输和探测能量信息外,尚有图像信息。为获取海量信息,目前已在宽光谱、大视场、高分辨方向发展。成像光学系统既包含能量信息又包含图像信息。图像信息中又包含光谱信息、光矢量振动方向信息(偏振信息),以及和视场和分辨率等。

光谱信息应从研究目标的光谱辐射特性、大气光谱透过特性、光学系统光谱透过特性及接收器件光谱响应特性等入手。目标不同,辐射的光谱不同,如坦克、飞机等发动机辐射的光谱为 3 ~ 5μm,人体和建筑物辐射的光谱为 8 ~ 12μm,红外光学系统即是据此设计出来的,其优点是目标和背景的对比度大,易于探测,缺点是波长较可见光长,分辨率低。隐身飞机是在形状上减小雷达波及红外波反射面积和其外表涂层吸收这两种波入手,因此,考虑的也是光谱信息。可以说,人们在利用光谱信息探测和识别伪装和隐身目标已经做足了文章。为寻求突破,正在利用光波的偏振信息去探测和识别伪装和隐身目标。隐身飞机目前只是对中、长波红外及雷达波隐身,不可能对全光谱隐身。

2）偏振态与偏振度

（1）偏振态。

①自然光：自然光是指太阳光辐射的自然光，即光矢量方向随机变化，且大小相等。②部分偏振光：而一般光源辐射的和太阳光经过物体反射的是部分偏振光，光矢量振动方向随机变化，其大小在不同方向不等；③偏振光：偏振光的光矢量方向按固定规律运动。

a 线偏振光：光矢量端点沿一条直线运动。b 椭圆偏振光：光矢量端点沿椭圆运动。c 圆偏振光：光矢量端点沿圆运动。

（2）偏振度。

$$P=\frac{I_{\max}-I_{\min}}{I_{\max}+I_{\min}}$$

式中：$I_{\max}$为最大光强（W/m^2）；$I_{\min}$为最小光强（W/m^2）。

① 自然光、圆偏振光 $P=0$。

② 部分偏振光，椭圆偏振光 $0<P<1$。

③ 线偏振光 $P=1$。

总之，本节讨论目标是：利用光波的偏振信息，宽光谱（可见光、红外光）、实时、随时提取图像信息，达到提高目标和背景对比度，在复杂环境下探测和识别目标的目的，同时可见光和短波红外相对中波和长波红外系统图像的分辨率高。

3）原理方案

图 3－14 中，光透镜头设计时对可见光范围内校正色差和几何像差，从而扩大光谱范围；接收器件也选用与之对应光谱的 CCD（CMOS），在白光镜头前或后放置偏振片，使自然光或部分偏振光变为线偏振光。

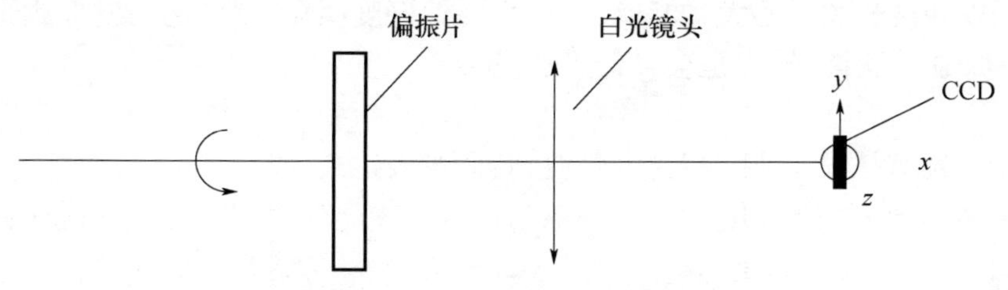

图 3－14　偏振片扫瞄系统示意图

x 为光学系统光轴方向,yz 为像平面,则线偏振光旋转方向如图 3-15 所示。当偏振片绕光轴 x 旋转时,线偏振光亦绕光轴 x 旋转。取 y 轴为绕偏振光矢量的零位,则可得任意瞬间偏振矢量的方向。

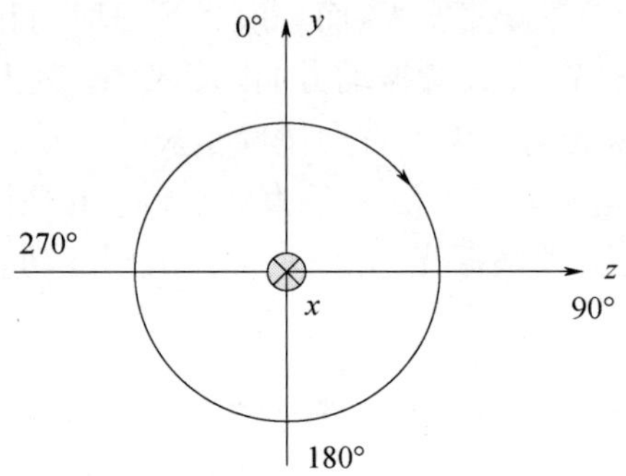

图 3-15　线偏振光旋转方向

由于变为线偏振光满足相干条件,在 CCD(CMOS)上形成相干的彩色图像。

目标(隐身飞机、坦克等)几何形状规则,在太阳光照射下为间接辐射体(光源),反射的光为部分偏振光,在偏振矢量旋转过程中,当部分偏振光长轴和偏振矢量重合时,光强最大,像面照度也越大,部分偏振光短轴和偏振矢量重合时,光强最小,像面照度最小,故在偏振矢量旋转过程中,目标像会发生周期性亮暗的变化;太阳光经背景反射时,也会出现同样情况,但由于背景一般形状不规则,反射的光波的偏振度小于目标反射光波的偏振度。太阳光经大气产生的偏振也不大,且对目标和背景的偏振影响度相同,可为视系统误差。总之,根据目标和背景反射太阳光的偏振度差异,便可把目标的光信息探测出来。一般偏振度和波长关系不大,如某波段产生的偏振度明显,则可选用波带滤光片加在镜头前,缺点是会降低光通量。

2. 基本原理

光谱是频率非常高的电磁波,其振幅表达式为

$$\tilde{E} = \boldsymbol{A}\mathrm{e}^{\mathrm{i}(kr-\omega t)} \tag{3-10}$$

式中:$\boldsymbol{A}$ 为光矢量;k 为波数$\left(k=\dfrac{2\pi}{\lambda}\right)$;$\omega$ 为角频率$\left(\omega=\dfrac{2\pi}{\lambda}=2\pi f\right)$;$\lambda$ 为

波长;T 为周期;f 为频率。

由于光波是定态波,由亥姆霍兹方程可得

$$\tilde{E} = \boldsymbol{A}\mathrm{e}^{\mathrm{i}kr} \tag{3-11}$$

式中:$\tilde{E}$ 为物理光学中的复振幅。

光波的频率非常高,如 $\lambda = 0.5893\mu\mathrm{m}$ 的黄绿光,$f = 5.098 \times 10^{14}\mathrm{Hz}$,这样高的频率,任何接收器件均无法响应,所观察到的是可探测频率的综合效果。故物理光学在空域中讨论干涉现象,如干涉中干涉条纹的复振幅为

$$E = \boldsymbol{A}\mathrm{e}^{\mathrm{i}k\Delta} = \boldsymbol{A}\mathrm{e}^{\mathrm{i}\frac{2\pi}{\lambda}\Delta} = \boldsymbol{A}\mathrm{e}^{\mathrm{i}\delta} \tag{3-12}$$

式中:Δ 为光程差($\Delta = r_2 - r_1$)。

当光学系统加上一偏振片后,自然光或部分偏振变为线偏振光。根据相干条件:①光波频率相同;②光矢量振动方向相同;③位相差$\delta = \frac{2\pi}{\lambda}\Delta$ 恒定。显然对于所有光波都是相干的,只不过不同的波长 λ 相位差 δ 不同而已。如在电视中看到夜间蛇捉老鼠,是在红外相机前面加一偏振片,这样会看到老鼠身上不同的颜色(伪彩色),温度高的地方为蓝色,低的地方为红色。基于此原理,在白光相机加一偏振片后可以看到真彩色的干涉图像。如太阳光经目标反射后变为部分偏振光,当偏振片和此部分偏振光长轴重合时,目标像就亮;和短轴重合时,目标就暗。同样,太阳光经背景反射后,也变为部分偏振光,只不过偏振度 P 小而已。令偏振片旋转,转速和接收器件 CCD(或 CMOS)帧频相同,如接收器件帧频为 60 帧,则偏振片转速为 60r/s,将 CCD(或 CMOS)和视频连接,就会看到不断闪烁的图像,目标偏振度大,闪烁得厉害,背景偏振度小,闪烁得不明显,从而探测和识别目标。

当探测的不是活动物体而是固定物体时,旋转偏振片到某一角度,当它和目标反射的部分偏振光长轴重合时,目标亮度明显大于背景,便可将偏振片固定。这样便进行探测了。所以,探测固定物体比探测活动物体简单。

这种方法的优点是用到了全部光谱信息,探测能力强。

接收器件 CCD(或 CMOS)探测到的是光强,光强 I 和复振幅的关系为

$$I = \boldsymbol{E} \cdot \boldsymbol{E}^*$$

（1）探测自然光（$P=0$）。

建立一直角坐标系，x 为光轴方向，θ 为偏振片和 y 轴夹角 $a=|A|$，如图 3－16 所示，则

$$\boldsymbol{E}_1 = \boldsymbol{A}\mathrm{e}^{ikr_1}, \boldsymbol{E}_2 = \boldsymbol{A}\mathrm{e}^{ikr_2}$$

$$I = (\boldsymbol{E}_1 + \boldsymbol{E}_2)(\boldsymbol{E}_1 + \boldsymbol{E}_2)^* = 2a^2(1+\cos\delta)$$

当 $\delta = m\pi (m=0, \pm 1, \pm 2, \cdots)$ 时为亮

$$I = 4a^2$$

当 $\delta = m + \dfrac{1}{2} (m=0, \pm 1, \pm 2, \cdots)$ 时为暗

$$I = 0$$

对于面辐射体，很难满足空间相干性，故

$$\boldsymbol{E} = \boldsymbol{A}\mathrm{e}^{ikr}$$

光强：

$$I = \boldsymbol{E} \cdot \boldsymbol{E}^* = a^2$$

应指出，$\lambda = 0.45 - 0.17\mu\mathrm{m}$，光波频率 $f = (7.74 - 2.05) \times 10^{14}\mathrm{Hz}$。CCD（CMOS）的响应频率 $f_c \approx (20 \sim 80)\mathrm{MHz} = (2 \sim 8) \times 10^7\mathrm{Hz}$，两者相差甚远，我们在 CCD（CMOS）观察到的是在此响应频率内光强。因此，无论是直接探测自然光，还是经偏振片探测偏振光，CCD（CMOS）接收的光强为

$$I = Ta^2 \tag{3-13}$$

式中：T 为光学系统透过率。

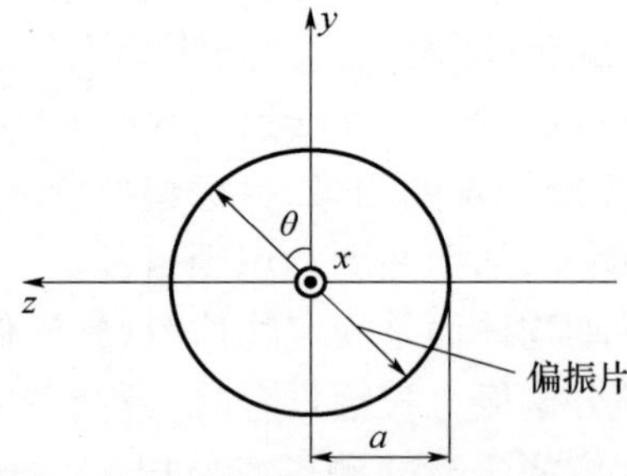

图 3－16　偏振片旋转复振幅和光强计算示意图

（2）探测部分偏振光（$0<P<1$）。

如图 3－17 所示，b 为长轴半径，c 为短轴半径，圆面积 $S_0 = \pi a^2$，椭

圆面积 $S=\pi bc$，当两者面积相等时，即 $bc=a^2$，可认为光亮度 L 相等。

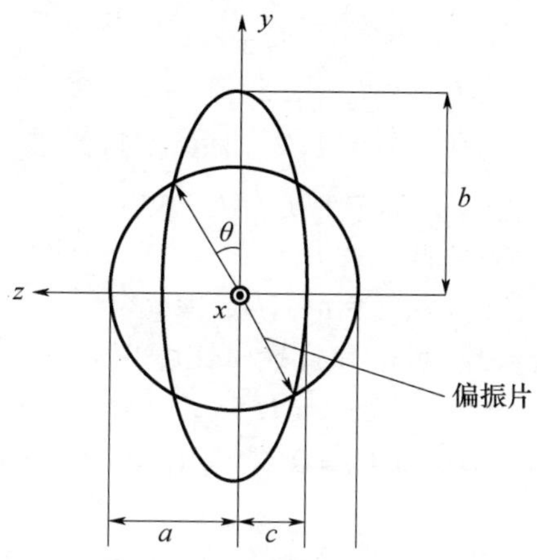

图 3－17 部分偏振光偏振度示意图

当偏振片转到长轴方向时，CCD(CMOS)接收到的光强为

$$I=Tb^2 \tag{3-14}$$

此时图像亮。

当偏振片转到短轴方向时，CCD(CMOS)接收到的光强为

$$I=Tc^2 \tag{3-15}$$

此时图像暗。

目标有固定的形状，反射太阳光后为部分偏振光，偏振度大，背景接近余弦反射体，虽然反射太阳光后也是部分偏振光，但偏振度小。设前者长轴半径为 b_2，短轴半径为 c_2，后者长轴半径为 b_1，短轴半径为c_1，有

目标反射的部分偏振光偏振度为

$$P_2=\frac{b_2^2-c_2^2}{b_2^2+c_2^2}=\frac{I_{2\max}-I_{2\min}}{I_{2\max}+I_{2\min}} \tag{3-16}$$

背景反射部分偏振光偏振度为

$$P_1=\frac{b_1^2-c_1^2}{b_1^2+c_1^2}=\frac{I_{1\max}-I_{1\min}}{I_{1\max}+I_{1\min}} \tag{3-17}$$

设背景的光亮度为 L_1，在 CCD(CMOS)产生的光照度为 E_1，对应的光强为 I_1；目标的光亮度为 L_2，在 CCD(CMOS)产生的光照度为 E_2，

对应的光强为 I_2，没加偏振片时，两者对比度

$$M=\frac{I_2-I_1}{I_2+I_1} \tag{3-18}$$

没加偏振片时，取 $I_1=1$，$I_2=1.5$，则 $M=0.2$。

加偏振片后，分别和背景光长短轴重合时，光强

$$I_{2\max}=\pi b_I^2;I_{1\min}=\pi c_1^2$$

分别和目标光长短轴重合时，光强

$$I_{2\max}=\pi b_2^2;I_{2\max}=\pi c_2^2$$

在前面没加偏振片，目标和背景对比度 $M=0.2$ 的条件下有

$$b_2c_2=1.5b_1c_1$$

加偏振后，取 $P_1=0.25$ $P_2=0.6$，则由式(3-18)和式(3-19)，得

$$I_{1\max}=\frac{5}{3}I_{1\min}$$

$$I_{2\max}=4I_{2\min}$$

$$I_{2\max}+I_{2\min}=1.5\times(I_{1\max}+I_{1\min})$$

则
$$I_{2\max}=1.92I_{1\max}$$

对比度

$$M'=\frac{I_{2\max}-I_{1\max}}{I_{2\max}+I_{1\max}}=0.315$$

对比度提高

$$\frac{\Delta M}{M}=\frac{M'-M}{M}=59.5\%$$

从而提高了探测和识别伪装目标和隐身飞机的能力。

背景光长短轴比为

$$K_1=\frac{b_1}{c_1}=\sqrt{\frac{1.25}{0.75}}=1.291$$

目标光长短轴比为

$$K_2=\frac{b_2}{c_2}=\sqrt{4}=2$$

目标光长轴和背景光长轴比

$$K=\frac{b_2}{b_1}=\sqrt{2}=1.4142$$

综上所述,可以得出结论:无论是自然光,部分偏振光还是偏振光,接收器件探测到光强取决于振幅 $\boldsymbol{A}$ 的绝对值,即 a,b,c。通过对偏振片的旋转,当其和部分偏光轴重合时,光强最大。和短轴重合时,光强最小。若目标光偏振度大于背景偏振度时,可以提高图像的对比度,从而达到提高探测和识别伪装目标和隐身飞机的能力。

3. 应用实例

为探索用偏振片旋转探测和识别隐身飞机的方法,作者设计一折反式复消色差摄影物镜,其技术指标如下:

· 焦距:$f'=1000.63\mathrm{mm}$

· 相对孔径:$\dfrac{D}{f'}=\dfrac{1}{8}$

· 视场:$2\omega=1°$

· 光学总长:$L=413.402\mathrm{mm}$

该系统结构参数如表 3-2 所列。

表 3-2 折反式复消色差摄影物镜光学系统参数

Lens Data Editor

Edit Solves Options Help

Surf	Type	Radius		Thickness		Glass		Semi-Diameter	
OBJ	Standard	Infinity		Infinity				Infinity	
STO*	Standard	1940.900000		11.470000		K9		64.000000	U
2*	Standard	-1207.800000		3.320000				64.000000	U
3*	Standard	-603.900000		12.710000		K9	P	63.500000	U
4*	Standard	-3698.000000		300.000000				64.000000	U
5*	Standard	-783.400000		-290.000000		MIRROR		66.500000	U
6*	Standard	-281.200000		290.000000	P	MIRROR		20.000000	U
7*	Standard	-783.400000	P	13.000000				66.500000	P
8*	Standard	Infinity		7.450000				66.500000	P
9*	Standard	65.010000		8.000000		ZF6		14.500000	U
10*	Standard	95.060000		10.470000		ZK8		14.500000	U
11*	Standard	159.220000		12.550000				14.000000	U
12*	Standard	26.670000		5.490000		ZK8	P	11.000000	U
13*	Standard	142.560000		3.580000		ZF6	P	11.000000	U
14*	Standard	19.454000		5.000000				8.800000	U
15	Standard	Infinity		2.000000		K9		8.536198	
16	Standard	Infinity		18.702621	M			8.503335	
IMA	Standard	Infinity		-				8.041963	

由于通光口径很大,$D=125\mathrm{mm}$,将旋转偏振片放在 CCD(CMOS)前,光学系统如图 3-18 所示。

彩图 3-19 给出该系统点列图、调制传递函数 MTF 曲线、球差曲线及场曲、像散畸变曲线。

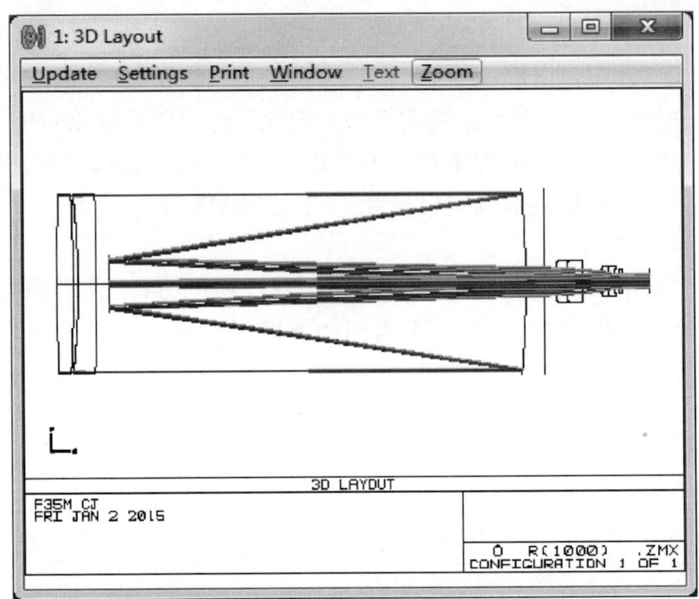

图 3－18　折反式复消色差摄影物镜光学系统图

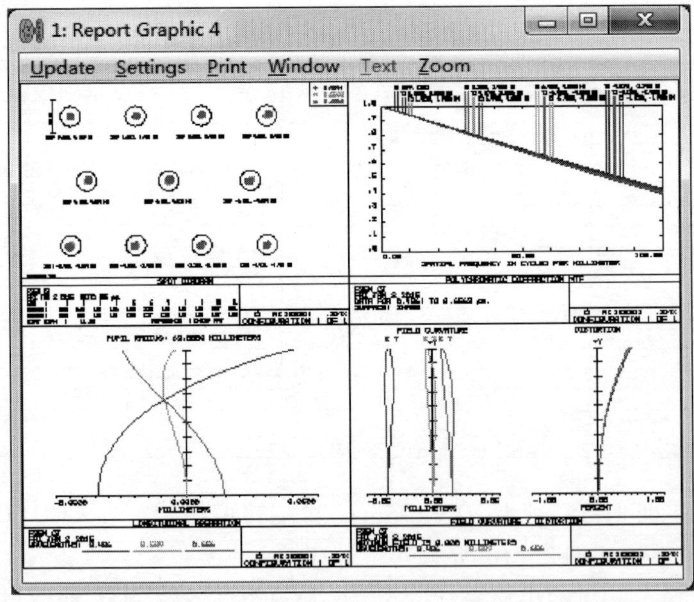

图 3－19　点列图以及调制传递函数 MTF 曲线、球差曲线及场曲、像散畸变曲线

从设计结果看,MTF 达到衍射极限,复消色(二级光谱为零)做到了高分辨率。如将其放在二维转台上,可进行全空间扫瞄。偏振片(位于 CCD(CMOS)前)转速和 CCD(CMOS)帧频相同,从而可用光波的偏振信息提高探测和识别隐身飞机的能力,如 CCD(CMOS)光谱响应在近红外 $\lambda = 0.9 \sim 1.7\mu m$,则可增加透雾功能。

3.3 光学模拟系统

扫瞄系统可用于光学模拟。图 3-20 所示为一航天员训练器的光学系统。航天飞行一般有 5 种姿态,即正向飞行、偏航、俯仰、滚转和高度变化。正向飞行可由地球模型的旋转来模拟,飞行高度由与扫瞄头对接的成像系统的变倍完成。余下的 3 个姿态由与 R_1 固连的窗口的方向模拟:俯仰由反射棱镜 M_1 绕 z 轴旋转实现;偏航由反射棱镜 M_1 和 M_2 共绕 y 轴旋转实现;滚动由反射棱镜 M_3 绕 y 轴旋转实现。

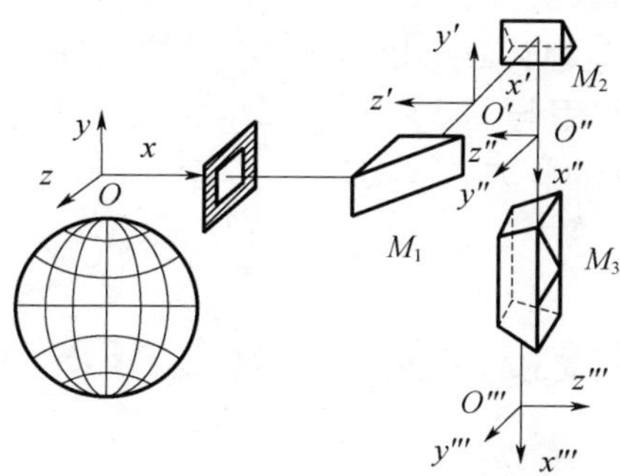

图 3-20　航天员训练器示意图

光学模拟系统中的反射棱镜 M_3 即是滚转模拟元件,它转 $\alpha/2$ 角,模拟滚转 α 角。同时它又是像倾斜补偿元件,在模拟俯仰时,M_1 绕 z 轴转 α 角,M_3 需绕 y 轴反转 $\alpha/2$。在模拟偏航时,M_1 和 M_2 共绕 y 轴转 β 角,M_3 需绕 y 轴反转 $\beta/2$。光学扫瞄。其原理和二维瞄头一样。

图 3-21 所示为一飞行航路模拟系统,用于模拟空中飞行目标的实际飞行情况。

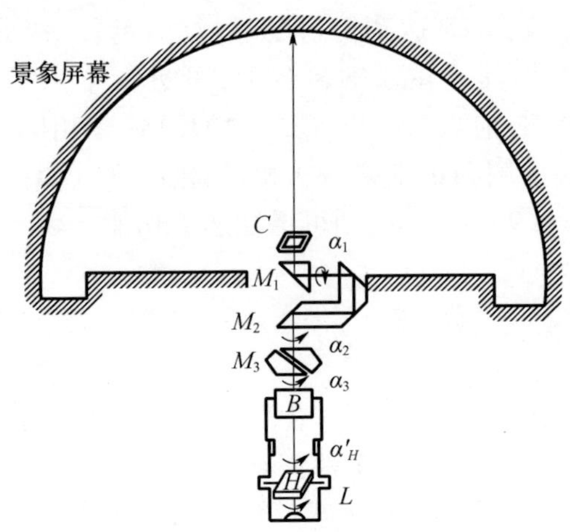

图 3-21　飞行航路模拟系统

图中，H 为目标生成器，由照明系统 2 照明，经上面各光学元件成像最后投影到屏幕上。B 为成像系统，它的倍率变化可模拟目标的远近。窗口 C 和反射棱镜 M_1 固连。M_1 绕水平轴旋转 α_1，反射棱镜 M_1 和 M_2 组合共绕竖轴旋转 α_2，由 α_1 和 α_2 模拟目标的方位变化。M_3 为像倾斜补偿元件，作用与图 3-20 中 M_3 相同。飞行物对观察点的翻转姿态由 H 绕竖轴的旋转 α'_H 实现。上述各动作的组合可模拟飞行物的运动。

3.4 窗口对接技术及 CCD(CMOS)拼接技术

3.4.1 窗口对接技术

图 3-9 所示二维全方位扫瞄系统为消除像倾斜需加一消像倾斜元件，如果接收系统跟着旋转可取消此元件，使结构简单、减少光能损失。特别是目前正在采用多光谱、共窗口系统，如图 2-4、图 2-5 所示，用斜方棱镜和直角屋脊棱镜调校各光学系统光轴平行度所示系统。此系统除要求相互平行外，还需扫瞄过程中消除像倾斜。由于共用一个窗口，消像倾斜元件必然很大。为此，取消像倾斜元件，利用窗口对接技术，接收系统放在一个罐内一起旋转，如图 3-22 所示。

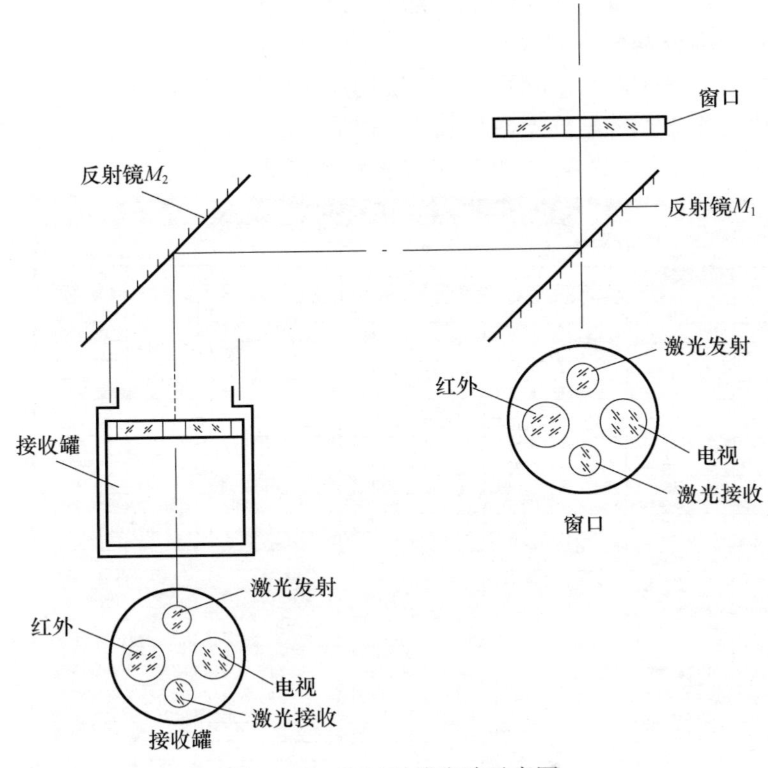

图 3-22 窗口对接光路示意图

根据平面系统转动定理及上面的分析，接收罐和窗口按一定规律旋转即可做到窗口对接（红外、电视、激光发射、激光接收对接），且无相对像倾斜。

窗口对接系统不但结构简单，而且减小各系统口径，特别是红外系统（大口径红外材料比较少）。

3.4.2 CCD(CMOS)拼接技术

面阵 CCD(CMOS)不像胶片那样尺寸可做得比较大，用它们作接收器件时视场受限制，为扩大视场，可采用两个 CCD(CMOS)拼接，它可视为一动态过程。

设计 CCD(CMOS)参数如下：

尺寸:18.1mm×12.1mm;像素尺寸:5.5μm

光学系统参数

焦距:$f'=100$mm;光圈:$F=4$;视场:$2\omega=20.52°\times6.98°$

拼接光学系统结构参数如表 3-3 所列。

表 3-3　CCD 拼接光学系统结构参数

Lens Data Editor: Config 1/2

Edit　Solves　Options　Help

Surf	Type	Radius	Thickness		Glass		Semi-Diameter	
OBJ	Standard	Infinity	Infinity				Infinity	
1*	Standard	40.090000	3.760000		ZK8		18.000000	U
2*	Standard	116.140000	2.500000				17.000000	U
3*	Standard	32.510000	4.750000		LAK11		16.000000	U
4*	Standard	Infinity	2.500000		TF3		15.000000	U
5*	Standard	20.940000	3.500000				12.000000	U
6*	Standard	20.320000	3.670000		ZK8	P	12.000000	U
7*	Standard	19.011000	3.250000				10.000000	U
STO	Standard	Infinity	3.000000				9.000000	U
9*	Standard	-31.190000	3.000000		ZK8	P	9.000000	U
10*	Standard	-23.500000	1.380000				10.000000	U
11*	Standard	-22.130000	2.000000		TF3	P	10.000000	U
12*	Standard	27.040000	5.650000		LAK11	P	12.000000	U
13*	Standard	-44.770000	1.500000				12.000000	U
14*	Standard	-1235.900000	2.500000		ZK8	P	13.500000	U
15*	Standard	-68.710000	3.500000				13.500000	U
16*	Standard	Infinity	15.000000		K9		15.000000	U
17*	Tilted		0.000000		MIRROR		15.000000	U
18	Coordinate B..		0.000000		-		0.000000	
19*	Tilted		-15.000000		K9		15.000000	U
20*	Standard	Infinity	-10.000000				15.000000	U
21*	Standard	Infinity	-17.800000		K9		17.800000	U
22*	Tilted		0.000000		MIRROR		17.800000	U
23	Coordinate B..		0.000000		-		0.000000	
24*	Tilted		17.800000		K9		17.800000	U
25*	Standard	Infinity	13.290779	M			17.800000	U
IMA*	Standard	Infinity	-				19.050191	

CCD(CMOS)拼接光路图如彩图 3-23 所示。

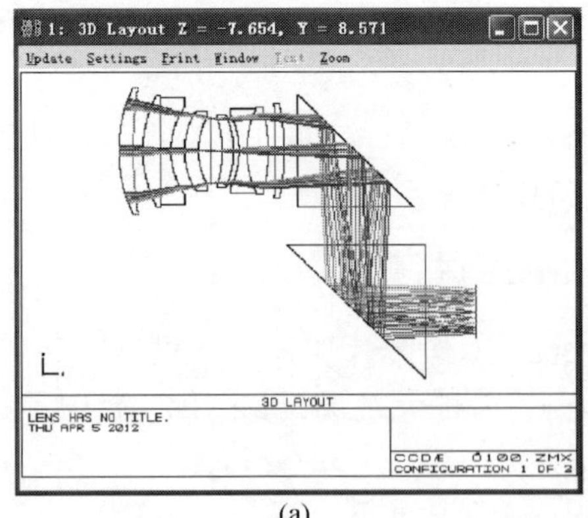

(a)

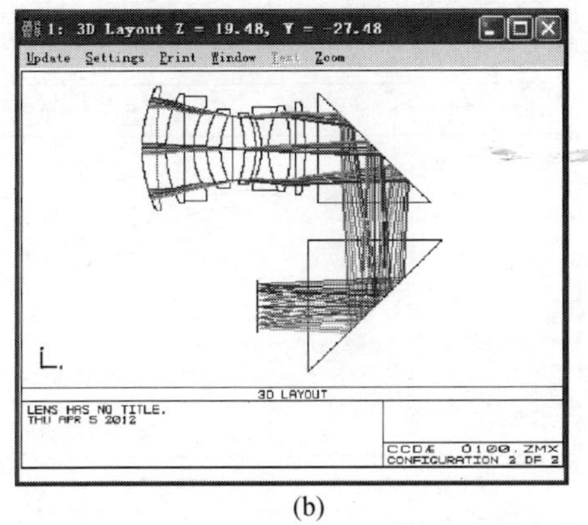

(b)

图 3 - 23　CCD(CMOS)拼接光路图

平面图看不出实际光路走向,为此,画出立体图,如彩图 3 - 24 所示。

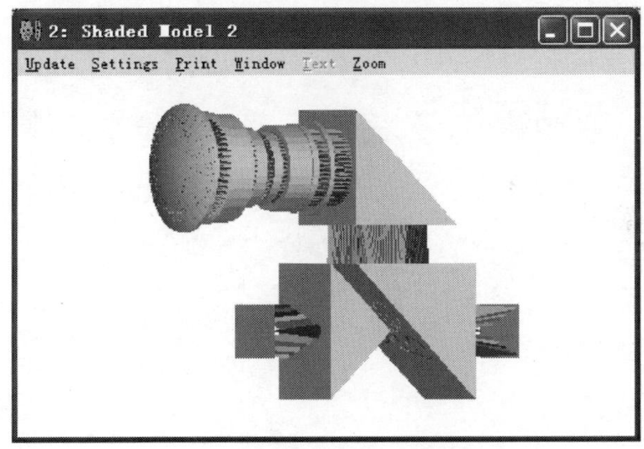

图 3 - 24　CCD(CMOS)拼接立体图

图 3 - 25 所示为 CCD(CMOS)拼接光学调制传递函数 MTF 曲线。

目前,CCD(CMOS)拼接光学系统一般是采用半反半透的分光棱镜,但缺点是能量损失 1/2,而采用上述 CCD(CMOS)拼接技术克服了此缺点。

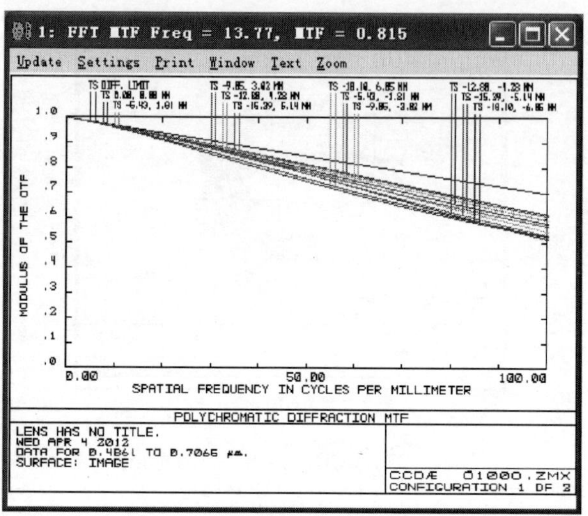

图 3－25　CCD(CMOS)拼接光学系统调制传递函数 MTF 曲线

第4章

稳像光学系统

4.1 基本概念

随着科学技术的发展,对光学系统的性能、指标不断提出新的要求,不但应在静态下成像清晰,而且要在动态下维持良好的成像质量。

动态光学系统是指系统中光学元件之间有相互运动,如变焦系统,扫瞄、跟踪系统,光学模拟系统,稳像光学系统等。这些系统中光学组元的运动往往是为了实现某种目的。如前面讲的扫瞄、跟踪系统中扫瞄头的旋转是为了捕获、跟踪目标;光学模拟系统是为了模拟活动景像;变焦镜头的调焦组和补偿组的沿光轴移动是为了变倍和维持像面的稳定;稳像光学系统是由于光学系统装在运动载体上,载体的运动必然导致像的运动,从而使成像模糊,为了维持图像的稳定清晰,要求各光学组元间有相互运动。实际上变焦镜头就是一种稳像光学系统。有些光学系统既要求扫瞄、跟踪又要求稳像,其光学元件间的运动将更为复杂。

目前,世界上武器的技术水平正在迅速上升,未来战场将是高技术的对抗,海湾战争已充分证明了这一点。武器的现代化必然要求其“眼睛”——光学系统具有高性能。由于战争的立体化,是在运动中进行对抗,因此要求光学系统具有良好的动态成像特性。美国的空中发射巡航导弹,采用图像相关技术,它包括地形匹配、景像匹配等。所谓景像匹配是事先用卫星或飞机测定地面目标微波辐射图,将其储存于导弹的微型计算机内,作战时弹上微波辐射计测定地面目标辐射,并与弹上储存的图像比较以控制导弹的飞行,弹着点偏差仅1~10m。由于导弹飞行中有高频小振动,故导弹上的光学系统必须是稳像光学系统才能获得清晰的图像。此外,在卫星或飞机拍摄过程中,免不了有随机振荡,当摄影机以小于10Hz的频率振动时,采用长焦距镜头摄影会大大降低分辨率。例如焦距1000mm的物镜,以1/100s的曝光时间拍摄,在振荡为0.1°/s的情况下,尽管其静态分辨率为100线对/mm,但不可能得到分辨率高于25线对/mm的照片。因此,卫星或飞机上的摄影机应是稳像光学系统。又如德国的“豹”Ⅱ坦克、美国的MI坦克、俄罗斯的T95、我国的三代坦克等,其火控系统也均采用稳像瞄准镜。可见,稳像光学系统的应用越来越广泛。

本章讲述稳像光学系统有关概念及设计方法,引用动态光学得出的结论,给出稳像方程,读者可根据这些稳像方程设计结构简单、稳像效果好的稳像光学系统。

(1) 动态光学系统:整个光学系统处于运动状态或光学系统中光学元件间有相对运动。

(2) 稳像光学系统:动态光学系统成的像相对接收器没有运动。

(3) 绝对稳像:像和接收器件相对惯性坐标系(大地坐标)没有运动。

(4) 相对稳像:像和接收器件同步运动,相对静止。

(5) 整体稳定:整个光学系统用惯性元件稳定。其优点是安全可靠,缺点是惯性元件功率和尺寸大。

(6) 局部稳定:只用惯性元件稳定某一光学元件,光学系统中其余光学元件可随载体一起运动。

(7) 基准式稳像:用惯性元件直接稳定整个光学系统或某个光学元件。其优点是频率特性好,高频振动也能稳像。原理上是自动补偿,不受振动频率的影响。缺点是只能采用动力陀螺,难以用于多光谱、共窗口系统。

(8) 随动式稳像:由惯性元件感知载体的运动,输出信号控制整个光学系统或某个光学元件的运动,使像相对接收器件静止。其优点是惯性元件作为敏感元件,可采用各种陀螺,如挠性陀螺、压电陀螺、光纤陀螺、激光陀螺等;可用于多光谱、共窗口系统。其缺点是用陀螺控制整个光学系统回位或控制某一光学元件的运动,需加随动系统,使电路复杂,且有一定的响应时间。对高频振动稳像效果不好,振动频率超过20Hz无法稳像。

4.2 绝对稳像光学系统

绝对稳像是指像(光束)相对某一惯性坐标不动,如光束相对大地坐标不动,即始终是铅垂线式水平线。

由式(2-21),有

$$\boldsymbol{\mu}' = [\boldsymbol{E} + (-1)^{t-1}\boldsymbol{R}_o]\Delta\alpha\boldsymbol{P}$$

当像偏转 $\boldsymbol{\mu}'=0$ 时,像(光束)是稳定的,由此可设计激光自动铅垂仪。

由应用光学知光楔产生的光束偏角 δ 为

$$\delta = (n-1)\theta \tag{4-1}$$

式中:n 为光楔材料的折射率;θ 为光楔楔角。

如图 4-1(a)所示,当 $n=2$ 时,$\delta=\theta$。

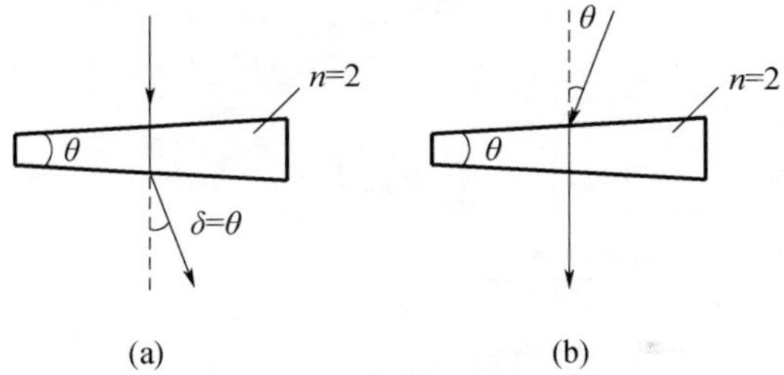

图 4-1 光楔示意图

若光楔的上表面为水平面时,光束以和上表面法线成 θ 角入射时,经光楔后出射光束为铅垂线(图 4-1(b))。

$n=2$ 的液体很难找到,但可配制 $n=1.5$ 的液体,可用两个液体光楔研制激光自动铅垂仪,代入式(2-21),得

$$[\boldsymbol{E} + (-1)^{t-1}\boldsymbol{R}_o] = 0 \tag{4-2}$$

即

$$\begin{bmatrix}1 & 0 & 0\\0 & 1 & 0\\0 & 0 & 1\end{bmatrix} - \begin{bmatrix}1 & 0 & 0\\0 & 2(n-1) & 0\\0 & 0 & 2(n-1)\end{bmatrix}$$

$$=\begin{bmatrix}1&0&0\\0&1&0\\0&0&1\end{bmatrix}-\begin{bmatrix}1&0&0\\0&1&0\\0&0&1\end{bmatrix}=\begin{bmatrix}0&0&0\\0&0&0\\0&0&0\end{bmatrix}$$

其结构如图 4－2(a)所示。

激光自动铅垂仪由激光器和光楔罐构成,光楔罐里装有两层折射率 $n=1.5$ 的液体,两液体的上表面始终是水平的。当激光自动铅垂仪上用 8′的圆水泡粗略调平即可。当仪器倾斜时,液体变成上表面水平、下表面倾斜的液体光楔,经光楔出射的光束则始终是铅垂的。当光楔罐有温控装置(20℃ ±1℃),其铅垂度可达到 ±4″以内。

若在仪器前部加一个五棱镜,利用五棱镜的动态成像特性(表 2－1),当其绕铅垂线转动时,可以变成自动水平仪,如图 4－2(b)所示。

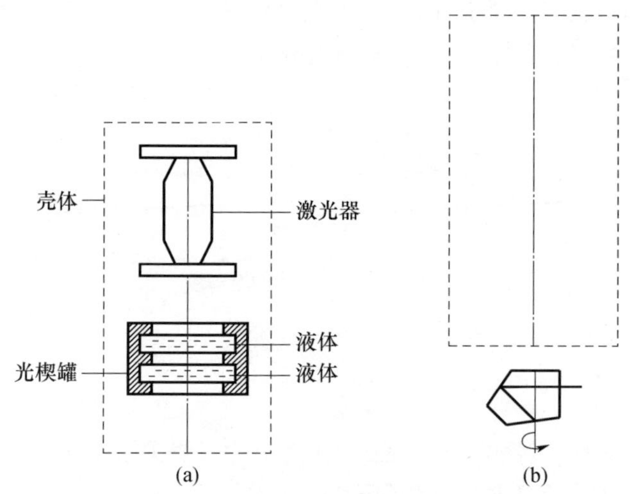

图 4－2　激光自动铅垂仪和水平仪示意图

4.3　相对稳像光学系统

相对稳像光学系统是像和接收器件同步运动,相对静止,即像相对接收器件是稳定的。此类稳像光学系统应用很广泛,特别是在军事上。例如坦克车长瞄准镜,它通过四联杆机构连接于炮管。炮管本身靠机械机构二维稳定，其水平稳定精度水平为 ±3mil（密位），高低 ±1mil。为保证行进中瞄准射击，车长瞄准镜需在此基础上进行二级稳定，其稳像精度可达到水平、高低均为 ±0.1mil，从而，瞄准目标后像相对十字线是不动的，如图 4－3 所示。

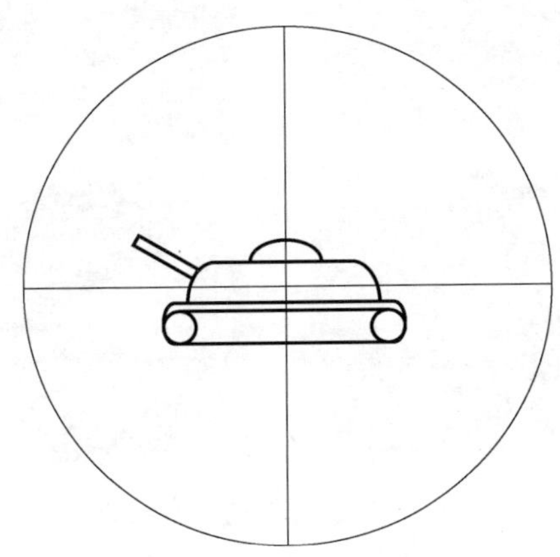

图 4－3　坦克稳像示意图

瞄准后，火控系统配有射击门，在炮管抖动中心位置炮弹出膛。稳像方式可用基准式或随动式。

4.3.1　平行光路稳像光学系统

1. 随动式稳像光学系统

以飞机对高轨卫星激光通信为例说明随动式稳像原理。

空间激光通信的激光束发散角很小，约为十几微弧度，只有非常稳定才能保证通信不中断，其稳定精度约为 3～5μrad，为此需进行二次稳定。先对整个光学系统进行稳定，稳定精度在 100μrad 左右，然后用二维扫瞄振镜进行再次稳定，达到 3～5μrad 的精度要求。

彩图 4－4 所示为飞机上转台的整体结构图（注：此光学系统装在球形壳体上，通过两轴四框架可以二维扫瞄，通过陀螺控制球体的稳定）。

彩图 4－5 所示为空间激光通信的光学系统图。图中二维扫瞄振镜在陀螺的控制下可以进行二级稳定，使激光束稳定精度达到 3～5μrad。

图 4-4 空间激光通信系统

二维扫瞄振镜位于平行光路中，前面的卡式系统为望远系统，视放大率 $\Gamma=-6^{\times}$。

由惯性元件（陀螺）感知载体水平、高低方向摆角，通过随动系统控制头部反射镜，使像相对分划板十字线不动。由表 2-1 可知，平面反射镜的动态成像特性如图 4-6 所示。

当载体绕铅垂轴 $\boldsymbol{P}_1$ 转 $\Delta\alpha_1$ 角（载体水平摆角），绕水平轴 $\boldsymbol{P}_2$ 转 $\Delta\alpha_2$ 角（载体高低摆角），由式（2-24）知产生的光轴偏为

$$\mu'_{y'}=\sqrt{2}\Delta\alpha_1\cdot\cos45^\circ=\Delta\alpha_1$$

$$\mu'_{z'}=\mu'_{z\max}=2\Delta\alpha_2$$

因此，陀螺感知飞机水平摆角 $\Delta\alpha_1$，随动系统控制头部反射镜反向转 $\Delta\alpha_1$ 角；陀螺感知坦克高低摆角 $\Delta\alpha_2$，随动系统控制头部反射镜反向转 $\Delta\alpha_2/2$，实现相对稳像。

应当指出，当头部反向镜绕 $\boldsymbol{P}_1$ 转 $\Delta\alpha_1$，会产生像倾斜

$$\mu'_{x'}=\sqrt{2}\Delta\alpha_1\cdot\cos135^\circ=-\Delta\alpha_1$$

由于 $\Delta\alpha_1$ 很小，一般不影响瞄准，且激光通信光是能量传递系统，此类稳像光学系统称为二维稳像光学系统。

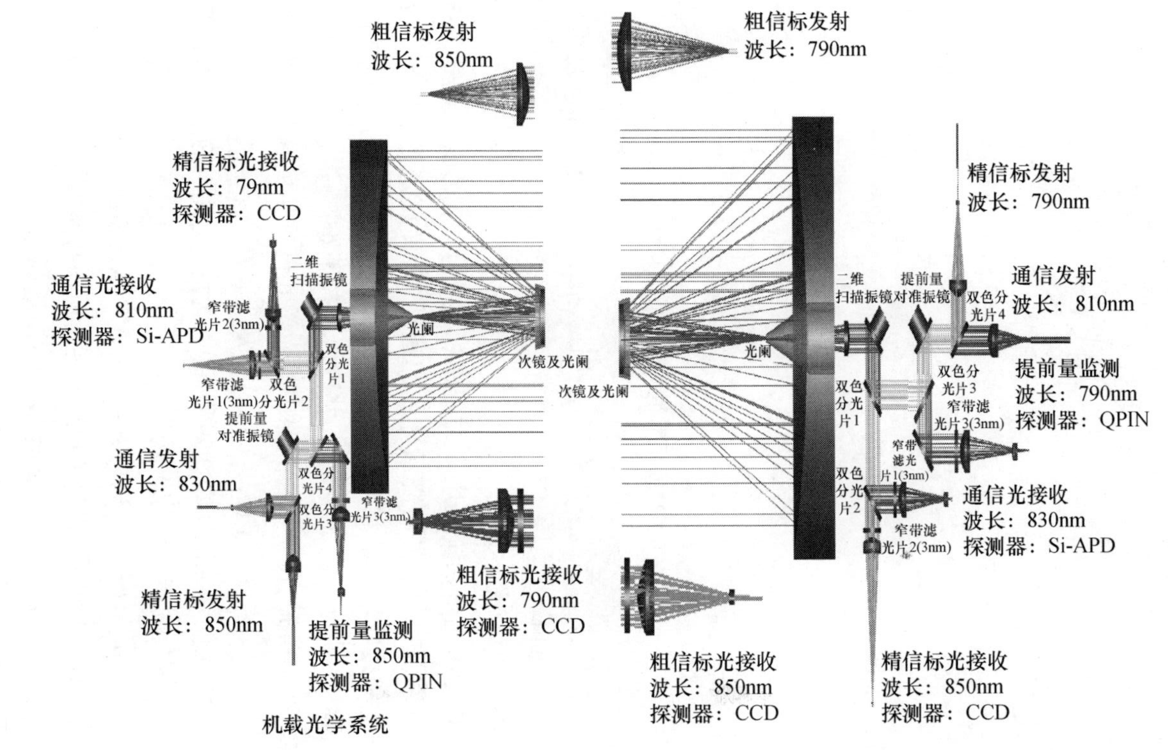

图4–5　空间激光通信光学系统图

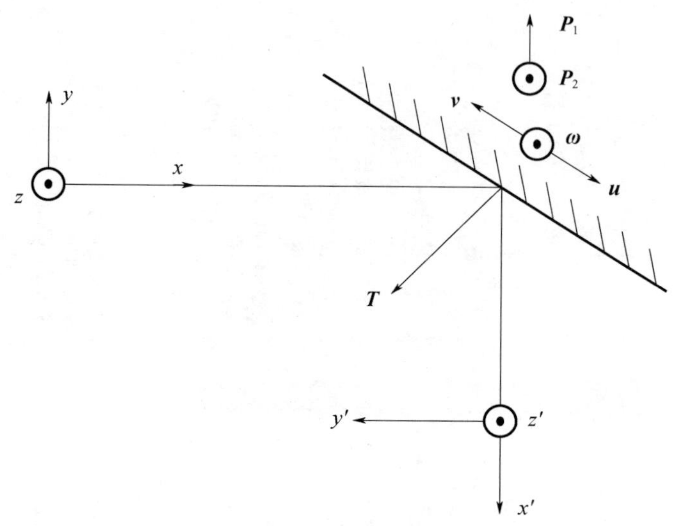

图 4－6 平面反射镜的动态成像特性

随动式稳像光学系统虽然有频率特性差的缺点，但其优点是可以实现多光谱共窗口。

2. 基准式稳像光学系统

基准式稳像光学系统是用动力陀螺稳定某个光学元件，光学系统其余光学元件及接收器件可随载体一起运动，其优点是光学原理上是自动实现像和接收器件的相对稳定，故频率特性好，多高振动频率均可实现相对稳像，缺点是实现多光谱、共窗口比较困难。

由式(2－21)知，位于平行光路中的光学元件产生的像偏转为

$$\boldsymbol{\mu}' = [(\boldsymbol{E} + (-1)^{t-1}\boldsymbol{R}_1]\Delta\alpha\boldsymbol{P}$$

一个光学元件是无法实现相对稳像的，为此，在其后面加一被陀螺稳定的光学元件，则产生的像偏转为

$$\boldsymbol{\mu}' = (-1)^{t_2}\boldsymbol{R}_2[(\boldsymbol{E} + (-1)^{t_1-1}\boldsymbol{R}_1]\Delta\alpha\boldsymbol{P}$$

被陀螺稳定的光学元件用 G_2 表示；它前面的光学元用 G_1 表示；它后面的光学元件用 G_3 表示。显然，G_1 和 G_3 随载体一起运动。

由此可以得出稳像方程为

$$(-1)^{t_2}\boldsymbol{R}_2[\boldsymbol{E}+(-1)^{t_1-1}\boldsymbol{R}_1]=\begin{vmatrix} a_{11} & 0 & 0 \\ 0 & 1 & 0 \\ 0 & 0 & 1 \end{vmatrix} \quad (4-3)$$

式中：t_1 为光学元件 G_1 的反射次数；t_2 为稳像光学元件 G_2 的反射次数；$\boldsymbol{R}_1$ 为光学元件 G_1 的作用矩阵；$\boldsymbol{R}_2$ 为稳像光学元件 G_2 的作用矩阵；$\boldsymbol{E}$ 为单位矩阵。

由此稳像方程可解出基准式坦克车长稳像瞄准镜的光学系统，如图 4－7 所示。

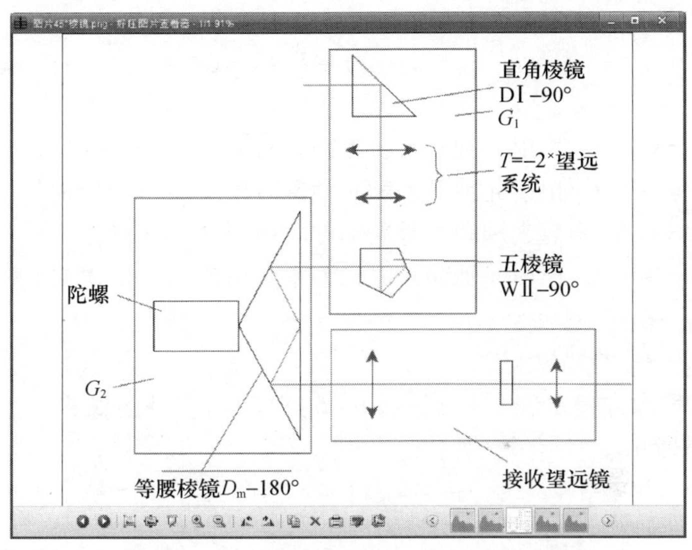

图 4－7　坦克车长稳像瞄准镜的光学系统

图中，直角棱镜 DⅠ －90°，$\Gamma=-2^{\times}$望远镜、五棱镜 WⅡ －90°组成光学部件 G_1，它和接收望远镜一起随载体（坦克）一起运动，等腰棱镜 D_m －180°由陀螺稳定、构成光学部件 G_2。

$$t_1=3,t_2=3,\boldsymbol{R}_1=\begin{bmatrix} 1 & 0 & 0 \\ 0 & -2 & 0 \\ 0 & 0 & -2 \end{bmatrix},\boldsymbol{R}_2=\begin{bmatrix} 1 & 0 & 0 \\ 0 & 1 & 0 \\ 0 & 0 & 1 \end{bmatrix}$$

代入稳像方程式（4－3），得

$$(-1)^{t_2}\boldsymbol{R}_2[\boldsymbol{E}+(-1)^{t_1-1}\boldsymbol{R}_1]=\begin{bmatrix}0&0&0\\0&1&0\\0&0&1\end{bmatrix}$$

$a_{11}=0$ 说明像不倾斜，但分划板在坦克横滚（绕接收望远镜光轴旋转）时，分划板倾斜了，有相对像倾斜，相对像倾斜角度很小，不影响瞄准，可忽略。坦克车长瞄准镜只要求二维稳像。稳像方程可变为更简单的形式，即

$$(-1)^{t_2}\Gamma_2[1+(-1)^{t_1-1}\Gamma_1]=1 \tag{4-4}$$

也可写成

$$a_1(\Gamma_2-a_2)-\Gamma_1\Gamma_2=0 \tag{4-5}$$

式中：

$a_1=1$ （G_1 出射光轴和入射光轴方向相同，$\beta_1=0$ 时）；

$a_1=-1$（G_1 出射光轴和入射光轴方向相反，$\beta_1=180°$时）；

$a_2=1$（G_1 出射光轴和入射光轴方向相同，$\beta_1=0$ 时）；

$a_2=-1$（G_2 出射光轴和入射光轴方向相反，$\beta_2=180°$时）；

Γ_1—G_1 的视放大率；

Γ_2—G_2 的视放大率。

由稳像方程式（4-4）或式（4-5）可解出多种稳像光学系统，如图4-8所示。

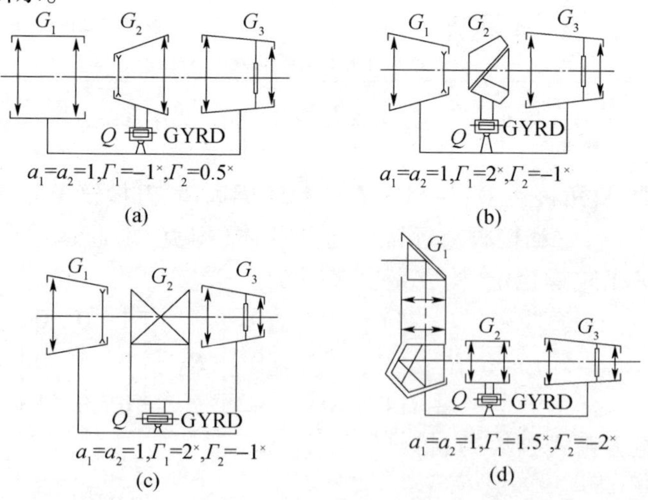

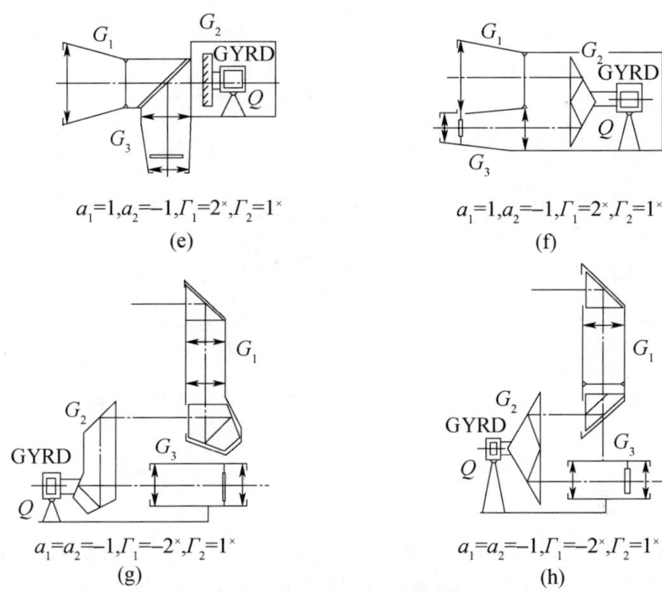

$a_1=1, a_2=-1, \Gamma_1=2^{\times}, \Gamma_2=1^{\times}$
(e)

$a_1=1, a_2=-1, \Gamma_1=2^{\times}, \Gamma_2=1^{\times}$
(f)

$a_1=a_2=-1, \Gamma_1=-2^{\times}, \Gamma_2=1^{\times}$
(g)

$a_1=a_2=-1, \Gamma_1=-2^{\times}, \Gamma_2=1^{\times}$
(h)

图 4－8　平行光路稳像光学系统

平行光路稳像光学系统的优点是对陀螺转心位置要求比较低，缺点是结构庞大，为使系统紧凑，减少光学元件个数，可采用会聚光路稳像光学系统。

3. 稳像瞄准镜稳像精度测试

现代坦克、自行火炮的炮长瞄准镜是稳像的，它通过四连杆机构和炮管联动。炮管由机械（液压）稳定，稳定精度：水平 ±3mil；高低 ±1mil。瞄准镜在此基础上进行二级稳定，稳像精度：水平、高低俱为 ±0.1mil(22.6″)。跟据弹道性能、风速、目标运动速度等由火控计算机给出的装定角等数据炮长瞄准镜控制炮管。

图 4－9 所示为坦克瞄准镜稳像精度和瞄准精度测试光学系统。该装置放在炮长瞄准镜目镜后方，上方弧线表示目镜最后一面，下面分光棱镜将 70% 的光透过，供眼睛观察；30% 的光反射到由物镜、斜方屋脊棱镜 $\text{X}\Pi_J-0°$ 及 CCD 组成的测试光路。它把描准镜分划板十字线成像于 CCD 上，其测试精度为 ±10″。

将该测试系统得出的数据提供给火控计算机，可以实现自动操作和瞄准。

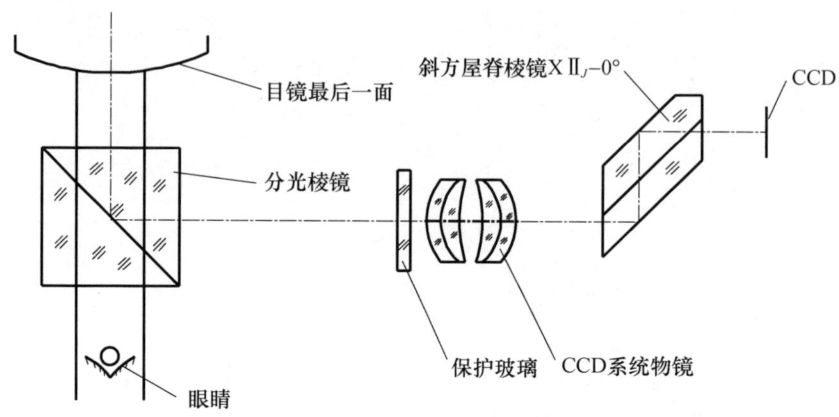

图4－9　坦克瞄准镜稳像精度和瞄准精度测试光学系统

图4－10所示为此测试装置的实物照片。将正面的保护盖拿下可用眼睛观察，反面可拧在瞄准镜目镜后的连接螺纹上。

图4－10　坦克瞄准镜稳像精度和瞄准精度测试装置实物照片
(a)正面；(b)反面。

4.3.2　会聚光路稳像光学系统

此类光学系统是将被稳定元件 G_2 放在透镜后面，当无穷远物体发出的平行光会聚在透镜像方焦平面上，将被稳定光学元件置于会聚光路中。由第2章知，透镜有一等效节点 J_0，物体在无限远时，等效节点和透镜后节点 J' 重合。等效节点的位置即为透镜运动产生的像点位移。

将图2－1中的 $G'x'y'z'$ 用 $Qx'y'z'$ 代替，Q 为被稳定光学元件 G_2 陀螺转点，G_1 和接收器件CCD可绕其转动。$\boldsymbol{R}$ 是 G_2 的作用矩阵，CCD的中心为 H_o。动态下像点位移为 $\boldsymbol{RJ}$，CCD的中心位移用 $\boldsymbol{H}$ 表示，$\boldsymbol{H}$ 为 H_o 点在 $Qx'y'z'$ 坐标，则可得稳像方程：

$$\boldsymbol{RJ}-\boldsymbol{H}=0 \tag{4-6}$$

式中：$\boldsymbol{H}$ 为接收器件中心在 $Qx'y'z'$ 的坐标；$\boldsymbol{R}$ 为被稳定光学元件作用矩阵；$\boldsymbol{J}$ 为等效节点在 $G'x'y'z'$ 的坐标。

即

$$\boldsymbol{R}=\begin{bmatrix}\alpha & 0 & 0\\ 0 & \beta & 0\\ 0 & 0 & \beta\end{bmatrix}$$

其中：α 为稳像元件 G_2 的沿轴放大率；β 为稳像元件 G_2 的垂轴放大率；

$$\boldsymbol{J}=\begin{bmatrix}0 & -J_{z'} & J_{y'}\\ J_{z'} & 0 & -J_{x'}\\ -J_{y'} & J_{x'} & 0\end{bmatrix};$$

$$\boldsymbol{H}=\begin{bmatrix}0 & -H_{z'} & H_{y'}\\ H_{z'} & 0 & -H_{x'}\\ -H_{y'} & H_{x'} & 0\end{bmatrix}$$

$J_{x'}, J_{y'}, J_{z'}$ 分别表示稳像元件 G_2 前的光学元件 G_1 的等效节点 J_0 在以陀螺转点 Q 为原点的直角坐标 $Qx'y'z'$ 三个轴上的投影；$H_{x'}, H_{y'}, H_{z'}$ 分别表示CCD中心 $\boldsymbol{H}_o$ 在 $Qx'y'z'$ 三个轴上的投影。

图4－11所示为4个实例。

由稳像方程式(4－6)可解出会聚光路的二维稳像光学系统，并求出陀螺转点的位置。图4－11给出解出的4种稳像光学系统。图(a)为美国专利，陀螺转点在别汉屋脊棱镜上的特定点上。图(b)也是一

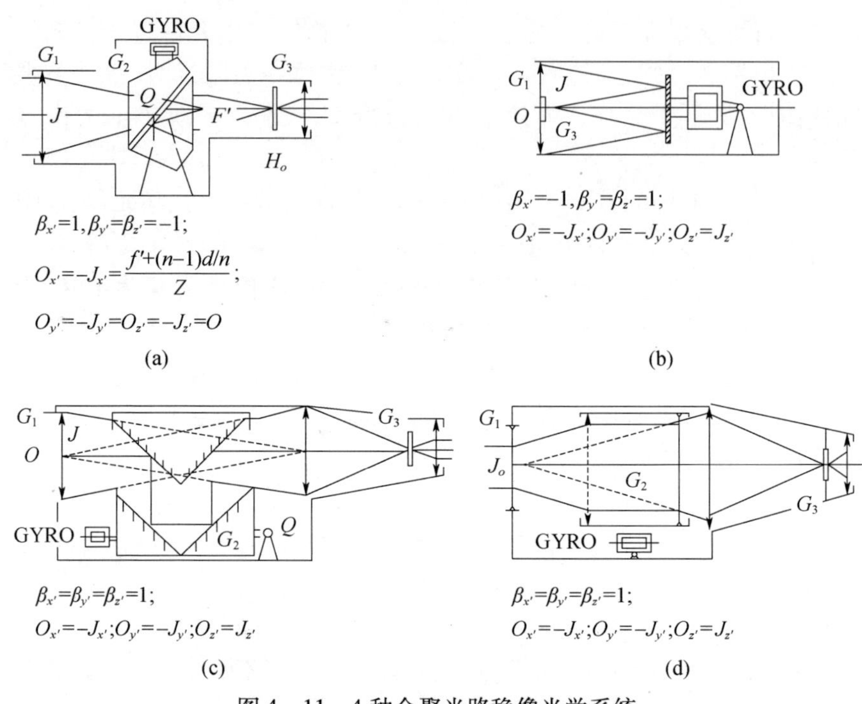

图 4-11　4 种会聚光路稳像光学系统

（a）固定于光轴上，$JQ=QH_o$；（b）能置于光轴上任意位置；

（c）能置于空间任意位置；（d）能置于空间任意位置。

个解，它是“铜斑蛇”导弹上采用的稳像光学系统，陀螺转点 **Q** 也是位于光轴上。图（c）也是一个解，是美国专利，它的优点是陀螺转点位置可在空间任意位置，具有平行光路稳像的优点。图（d）是另外一个解，也具有这种优点。和平行光路稳像方程一样，稳像方程式（4-6）也是多解的，读者可按它设计其他型式的稳像光学系统。

图 4-11（c）为美国威廉的专利，其光学系统如图 4-12 所示。

透镜 1 的等效节点为 J_1，透镜 2 的等效节点为 J_2，如不加被稳定光学元件（反射镜组），无限远处的轴上平行光经透镜 1 成像于 J_2，加上反射镜组后，则成像于 J_1 上（即 O'_1 和 J_1 重合）。代入稳像方程式（4-6），等式后为 0，可以实现稳像。如 O'_1 和 J_1 重合，陀螺转点位置要求低，具有平行光路的优点。图 4-11（b）为“铜斑蛇”导弹的导引头上的稳像光学系统,它也具有上述优点。

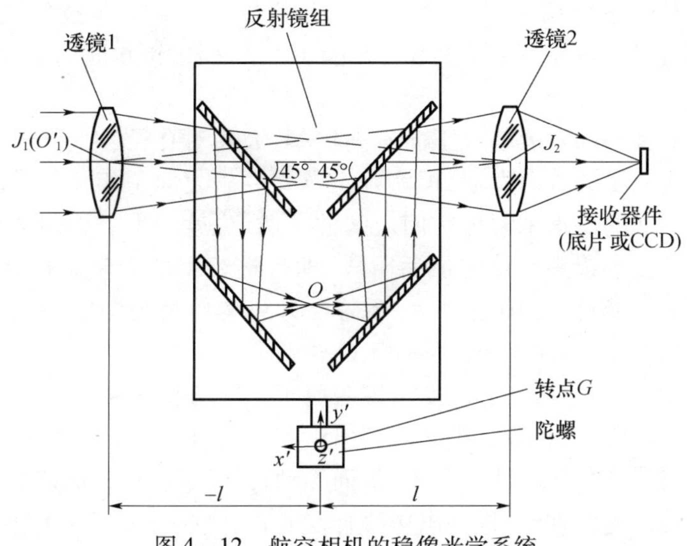

图 4-12 航空相机的稳像光学系统

4.4 变焦光学系统

变焦光学系统是一种焦距在一定范围内变化而像面保持不动的光学系统,图 4-13 为其光学系统示意图。早在 1930 年,随着电影事业的发展,要求不同画幅尺寸的电影底片能够放映到同一尺寸的银幕上,或同一尺寸的电影底片能够放映到不同尺寸的银幕上。为了解决这些问题,要求发展放大倍率连续可变的放映镜头。目前,变焦镜头都用改变透镜组之间的间隔来改变整个物镜的焦距。在移动透镜组改变焦距时,总是要伴着像面的移动,因此要对像面的移动给以补偿。像移补偿的方法主要有光学补偿法和机械补偿法。1960 年后,随着机械加工工艺的改进,凸轮加工工艺的提高,机械补偿法得到广泛的应用。

目前,电视摄影中已几乎全部采用变焦镜头;16mm 电影摄影镜头有被取代的趋势,35mm 电影新闻纪录摄影也逐渐采用变焦镜头。

同时,135mm 照相机用的小型化变焦镜头在市场上也日益增多。变焦镜头被普遍应用于电视、电影、望远和显微摄影等科技领域,在宇宙空间通信、测距、导弹试验、火箭、卫星观测等方面也得到广泛应用。

变焦镜头的发展趋势正向着高倍率、大相对孔径、大视场、小型化和高成像质量的方向发展,但实际上这些要求之间是相互矛盾的。为了根据不同的需求来解决它们之间的矛盾,也就产生了不同类型的变焦镜头。变焦镜头设计的最后阶段,即各透镜组的光学结构参数(半径、间隔、玻璃材料)确定之后,还需要计算变倍组与补偿组位移量之间的数值关系,以便用来指导加工凸轮轨道。

从动态光学理论上讲,变焦镜头属于一维动态稳像光学系统,即前固定组和后固定组不动,中间的变倍组和补偿组沿光轴运动,使光学系统焦距发生变化。在此过程中,像面不动,光学系统总长保持不变。下面应用动态光学理论,推导出像移补偿公式,由此公式可准确计算出补偿曲线,从而设计补偿像移的凸轮机构。

从光学设计角度看,可以说变焦镜头是光设计中难度最大的系统,其原因如下:①变焦镜头属于大像差系统,7 种几何像差均需校正;②由图 4 - 13 可以看出,前固定组是把平行光变成会聚光,这和望远镜及照相机有些相似。但是,变倍组是把发散光变成会聚光,补偿组又把发散光又变成会聚光,两者承担的偏折角要大得多;③变倍过程中,不但要求像面不动、光学系统长度不变,且要求图像始终清晰。

下面提出一种设计变焦镜头的方法,在变倍组线性运动的条件下,补偿组曲线运动,并根据像移补偿公式,做到变焦过程中各个焦距图像始终清晰。

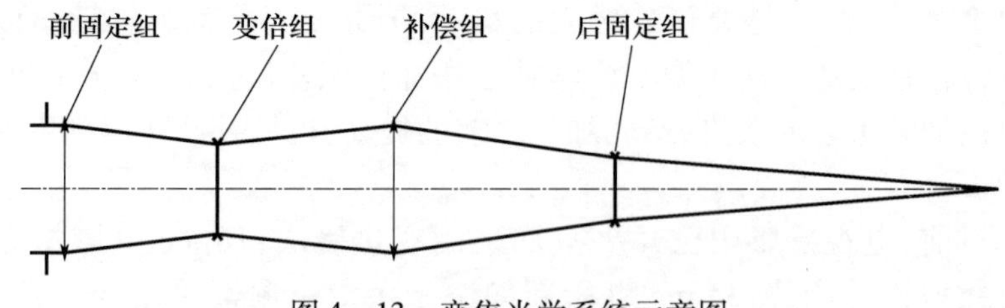

图 4 - 13　变焦光学系统示意图

4.4.1 像移补偿公式

由动态光学理论可知,对于一个二组元稳像系统,其稳像方程为

$$\boldsymbol{R}_{2m}\boldsymbol{R}_2(\boldsymbol{E}-\boldsymbol{R}_{1m}\boldsymbol{R}_1)\boldsymbol{q}_1+(\boldsymbol{E}-\boldsymbol{R}_{2m}\boldsymbol{R}_2)\boldsymbol{q}_2=0 \tag{4-7}$$

式中:$\boldsymbol{R}_1$ 为变倍组 G_1 的静态作用矩阵;$\boldsymbol{R}_{1m}$为变倍组 G_1 的动态作用矩阵;$\boldsymbol{R}_2$ 为补偿组 G_2 的静态作用矩阵;$\boldsymbol{R}_{2m}$为补偿组 G_2 的动态作用矩阵;$\boldsymbol{E}$ 为单位矩阵;$\boldsymbol{q}_1$ 为变倍组 G_1 的运动矢量;$\boldsymbol{q}_2$ 为补偿组 G_2 的运动矢量。

由于变焦镜头变倍组和补偿组均为沿光轴的一维位移,故式(4-7)可简化为

$$\beta_{2m}\beta_2(1-\beta_{1m}\beta_1)q_1+(1-\beta_{2m}\beta_2)q_2=0 \tag{4-8}$$

式中:β_1 为变倍组初始位置的垂轴放大率;β_{1m}为变倍组运动后的垂轴放大率;β_2 为补偿组初始位置的垂轴放大率;β_{2m}为补偿组元运动后的垂轴放大率;q_1 为变倍组沿光轴位移量;q_2 为补偿组沿光轴位移量。

一般情况下,q_1 为线性运动,由式(4-8)可得出 q_2 和 q_1 的运动关系,即

$$Aq_2^2+Bq_2+C=0 \tag{4-9}$$

式中

$$\begin{cases}A=(f'_1-\beta_1q_1)\beta_2\\B=\beta_1\beta_2q_1^2+[f'_2(1-\beta_2^2)\beta_1-f'_1(1-\beta_1^2)\beta_2]q_1-f'_1f'_2(1-\beta_2^2)\\C=\beta_2^2f'_2[\beta_1q_1-f'_1(1-\beta_1^2)]q_1\end{cases} \tag{4-10}$$

即

$$q_2=\frac{-B\pm\sqrt{B^2-4AC}}{2A} \tag{4-11}$$

由式(4-11)可以准确计算出补偿组的运动轨迹。

(1) 当 $\beta_1=\beta_2=-1$ 时,有

$$\begin{cases}A=-f'_1-q_1\\B=q_1^2\\C=-f'_2q_1^2\end{cases} \tag{4-12}$$

（2）当$\beta_1=-1,\beta_2=\infty$时，有

$$q_2=\frac{f'_1(1-\beta_1^2)-\beta_1 q_1}{f'_1-\beta_1 q_1}q_1=\frac{q_1^2}{f_1'+q_1} \tag{4-13}$$

4.4.2 光学设计指导思想

光学系统的像差，除和每个组元的像差有关外，还和该组元前、后光学系统的像差有关。所以，在设计时应兼顾各组元的像差，即各组元均采用小像差，使光学系统进行小像差互补。这样不但光学系统成像质量好，而且元件的加工公差及装配公差也小，这对大像差光学系统（如摄影系统）尤为重要。

对于变焦系统，在长焦时，通光口径大、视场小；短焦时，通光口径小、视场大。为校正轴外像差，在短焦时采用准对称结构以使垂轴像差互相补偿。对每个组元，在通光口径最大时单独校正球差和位置色差。

对于二组元变焦系统光焦度公式为

$$\Phi=\frac{1}{h_0}(h_0\Phi_0+h_1\Phi_1+h_2\Phi_2+h_3\Phi_3) \tag{4-14}$$

消位置色差公式为

$$\delta_{n_{FC_1}}h_0^2\Phi_0+\delta_{n_{FC1}}h_1^2\Phi_1+\delta_{n_{FC2}}h_2^2\Phi_2+\delta_{n_{FC3}}h_3^2\Phi_3=0 \tag{4-15}$$

式中：$\delta_{n_{FC0}},\delta_{n_{FC1}},\delta_{n_{FC2}},\delta_{n_{FC3}}$分别为前固定组、变倍组、补偿组及后固定组的色散；$h_0,h_1,h_2,h_3$分别为轴上点全孔径光束在前固定组、变倍组、补偿组和后固定组的高度；$\Phi_0,\Phi_1,\Phi_2,\Phi_3$分别为前固定组、变倍组、补偿组和后固定组的光焦度。

由式（4-14）和式（4-15）可以看出，为保证光焦度且要校正位置色差，可行的方法是各组元单独校正位置色差。即便如此，一般情况前固定组将平行光变为会聚光，变倍组是将会聚光变成发散光，补偿组又把发散光变成会聚光。显然承担的偏折角远大于定焦镜头。此外，从光学设计的理论知，镜头焦距越长，二级光谱越大，像差更为严重。故变倍不易过大，即长焦时焦距不能太长，否则，不但二级光谱大、像质差，且相对孔径小，像面照度低。

变焦镜头的重要指标是像面稳定，可惜的是目前见到的变焦镜头绝大数做不到这一点，而且把变焦和调焦混为一谈，依靠 CCD 或

CMOS 能感知整幅像面是否清晰,靠后固定组的一片透镜前后移动使图像清楚。这样不但使图像没有深度感,而且需几秒钟图像才能清楚。这对于家用数码相机问题还不大,但在拍摄动态目标时,如在飞机场观察飞机起落架是否打开,几秒钟内飞机已经落地,故像面必须稳定,这样才能保证变焦过程中图像始终清晰。欲达到此目地,需用动态光学理论得出的式(4-9)~式(4-11)。

欲使变焦镜头光学总长小,应使变焦组和补偿组的垂轴放大率均为-1,即 $\beta_2=\beta_1=-1$,有换根解。

4.4.3 实例

例 4-1 试设计 3.18 倍变焦系统,焦距 $f'=30.5021\sim97.0017$mm,$F=4$,CCD(CMOS)为 1/2 英寸,尺寸为 6.4mm×4.8mm 的变焦镜头。已知:$f'_1=-32.15086$mm,$f'_2=32.00929$mm,短焦 $f'=30.5021$mm 时,$\beta_1=-0.5567926$,$\beta_2=-0.4512048$。

将上述数据代入式(4-10)和式(4-11),即可得到不同焦距的 q_2,从而求得相应的间隔。进行光路计算,得到不同位置时的 3.18 倍变焦系统的光学系统图、调制传递函数 MTF 曲线、球差曲线和点列图,彩图 4-14(a)、(b)、(c)分别为相应曲线,可以看出,此系统成像质量相当好,由表 4-1 中 3.18 倍变焦光学系统参数可以看出,变焦过程中后固定在组到像面距离始终等于 35mm,光学系统长度始终等于 130.016mm,像面是完全稳定的,图像始终清晰。应用 Matlab 语言编程可以求出变倍和补偿组的运动轨迹曲线(变倍组线性运动,补偿组曲线运动),如图 4-15 所示。

例 4-2 试设计 14.22 倍变焦系统,$f'=16\sim227.657$mm,$F=4$,CCD(CMOS)为 2/3 英寸(8.8mm×6.6mm)的变焦镜头。已知:变倍组焦距 $f'_2=-48.207$mm,补偿组焦距 $f'_2=57.769$mm,$\beta_1=-0.89123$,$\beta_2=-0.95913$。表 4-2 所列为 14.22 倍变焦光学系统参数,彩图 4-16(a)、(b)、(c)分别为短、中、长焦时的光路图、调制传递函数 MTF、球差曲线和点列图,图 4-17 为变倍组和补偿组运动曲线。变焦过程中后固定组到像面距离始终等于 18.999mm,光学系统总长保持 364.999mm 不变,图像始终清晰。

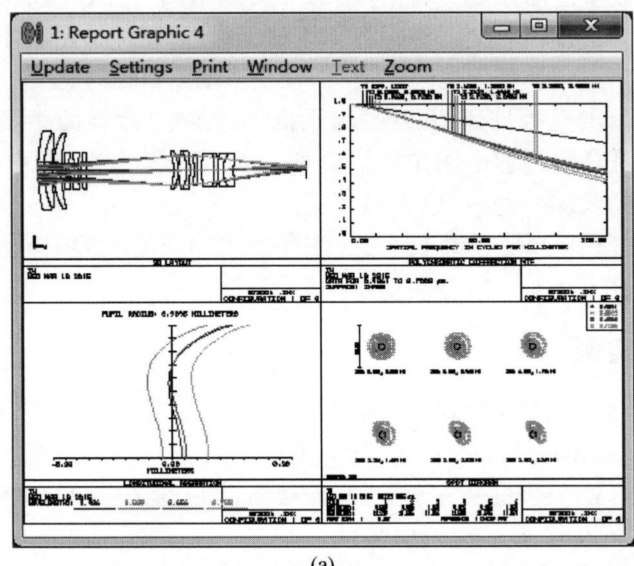

1: Report Graphic 4
Update Settings Print Window Text Zoom

1: Report Graphic 4
Update Settings Print Window Text Zoom

(a)

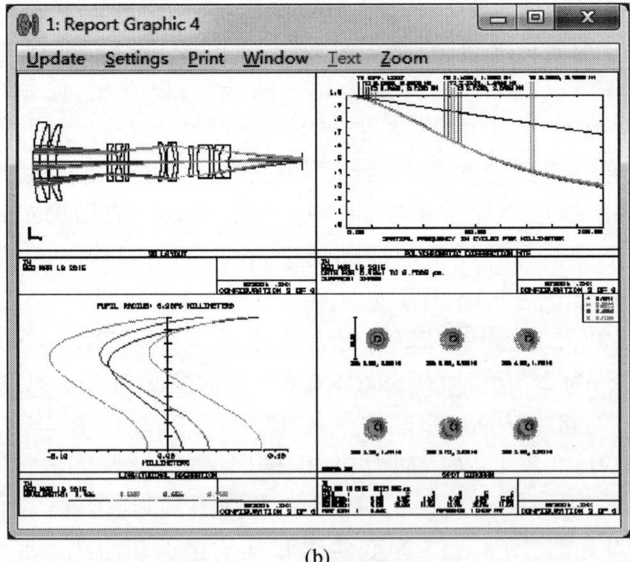

(b)

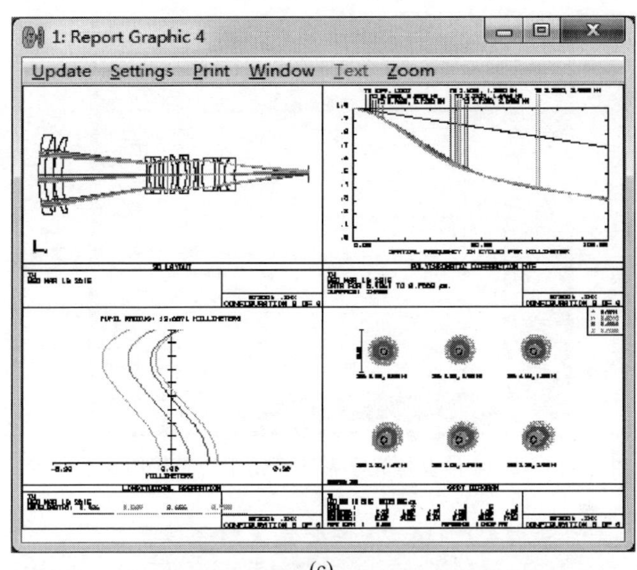

(c)

图 4－14　3. 18 倍变焦系统的光学系统图、调制传递函数 MTF 曲线、球差曲线和点列图

(a)短焦(f' =30. 5021mm)；(b)中焦(f' =63. 3644mm)；(c)长焦(f' =97. 0017mm)。

表 4－1　3. 18 倍变焦光学系统参数

Lens Data Editor: Config 2/3

Edit Solves Options Help

Surf	Type	Radius	Thickness	Glass		Semi-Diameter	
OBJ	Standard	Infinity	Infinity			Infinity	
1*	Standard	80.540000	2.946067	ZF7		19.500000	U
2*	Standard	46.670000	4.300000	ZK7		18.000000	U
3*	Standard	197.240000	0.100000			18.000000	U
4*	Standard	38.640000	4.100000	ZK7	P	18.500000	U
5*	Standard	67.760000	24.720000			18.000000	U
6*	Standard	-82.040000	1.530000	ZK7	P	8.000000	U
7*	Standard	43.550000	2.680000			9.000000	U
8*	Standard	-57.280000	1.800000	ZK7	P	9.000000	U
9*	Standard	35.810000	1.790000			8.000000	U
10*	Standard	45.920000	2.300000	ZF7	P	9.000000	U
11*	Standard	5970.000000	15.771400			9.000000	U
12*	Standard	-28.640000	2.310000	ZK7	P	8.500000	U
13*	Standard	-20.890000	0.100000			9.500000	U
14*	Standard	36.560000	4.000000	ZK7	P	9.500000	U
15*	Standard	-22.700000	1.500000	ZF7	P	9.500000	U
16*	Standard	-57.410000	5.978600			9.500000	U
STO*	Standard	-29.240000	1.460000	ZK7	P	6.760000	U
18*	Standard	-172.580000	2.080000			7.500000	U
19*	Standard	35.650000	6.190000	ZF4		8.000000	U
20*	Standard	-41.400000	1.650000	ZK7	P	8.000000	U
21*	Standard	-112.980000	0.100000			8.000000	U
22*	Standard	47.640000	2.410000	ZF7	P	8.000000	U
23*	Standard	13.490000	5.210000	ZK7	P	8.000000	U
24*	Standard	24.380000	35.000000			6.000000	U
IMA	Standard	Infinity	-			3.982233	

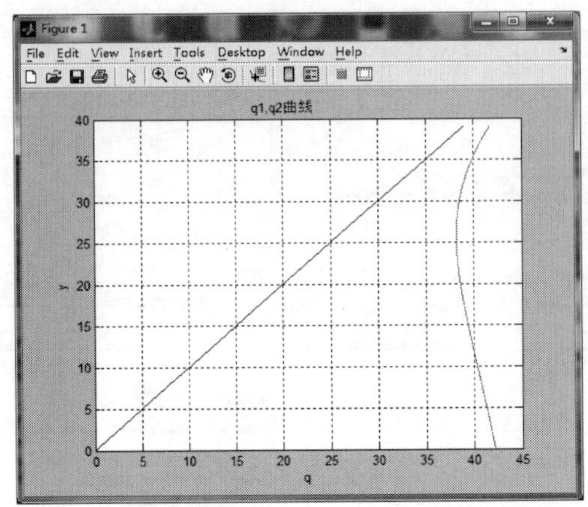

图 4－15　3. 18 倍变焦光学系统变倍组合补偿组运动曲线

表 4－2　14. 22 倍变焦光学系统参数

Lens Data Editor: Config 1/3

Surf	Type	Radius		Thickness		Glass	Semi-Diameter	
OBJ	Standard	Infinity		Infinity			Infinity	
1*	Standard	388.559000		7.900000		ZF2	57.000000	U
2*	Standard	124.110000		17.900000		ZK6	57.000000	U
3*	Standard	1300.000000		0.100000			56.000000	U
4*	Standard	173.333000		13.360000		K9	55.000000	U
5*	Standard	3149.810000		4.300000			54.000000	U
6*	Standard	-128.490000		5.710000		BAK4	22.200000	U
7*	Standard	64.400000		5.390000			20.000000	U
8*	Standard	-119.670000		3.760000		ZK7	20.000000	U
9*	Standard	39.760000		7.030000		ZF6	20.000000	U
10*	Standard	144.576000		208.340500			19.000000	U
11*	Standard	105.200000		5.500000		ZK11	20.000000	U
12*	Standard	-105.200000	P	0.100000			20.000000	U
13*	Standard	179.470000		1.810000		ZF10	20.000000	U
14*	Standard	29.740000		6.600000		BAK6	17.500000	U
15*	Standard	194.220000		0.100000			17.000000	U
16*	Standard	64.860000		5.000000		ZK9	20.000000	U
17*	Standard	1083.320000		2.239500			19.000000	U
STO	Standard	Infinity		4.490000			7.350000	U
19*	Standard	17.590000		3.720000		BAF2	8.500000	U
20*	Standard	24.600000		1.490000			8.000000	U
21*	Standard	492.711000		15.550000		BAK8	8.500000	U
22*	Standard	13.350000		17.400000			6.000000	U
23*	Standard	37.706000		2.020000		ZF6	8.500000	U
24*	Standard	21.480000		6.290000		ZK7	8.600000	U
25*	Standard	-38.700000		18.998978	M		8.500000	U
IMA	Standard	Infinity		-			5.179042	

Multi-Configuration Editor

Active : 1/3		Config 1*	Config 2	Config 3
1: THIC	25	18.998978	18.998978	18.998978
2: THIC	5	4.300000	137.000000	158.250000
3: THIC	10	208.340500	51.784000	13.960000
4: THIC	17	2.239500	26.096000	42.670000

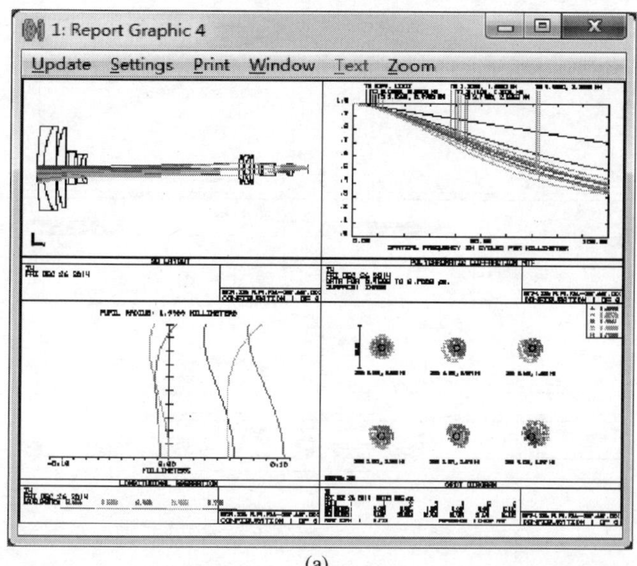

(a)

1: Report Graphic 4
Update Settings Print Window Text Zoom

1: Report Graphic 4
Update Settings Print Window Text Zoom

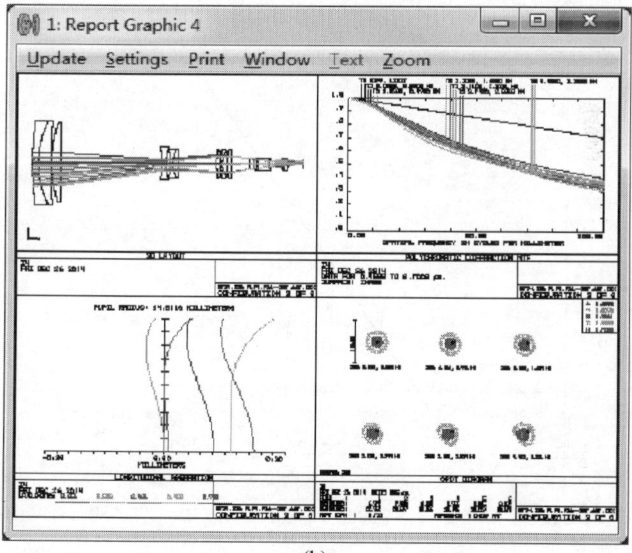

(b)

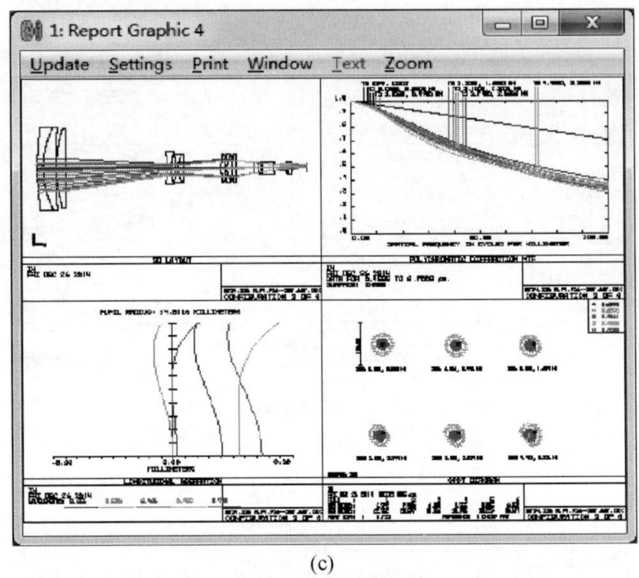

(c)

图 4-16　14.22 倍变焦系统的光学系统图、调制传递函数 MTF 曲线、球差曲线和点列图

(a)短焦($f'=16.00$mm);(b)中焦($f'=114.56$mm);(c)长焦($f'=227.66$mm)。

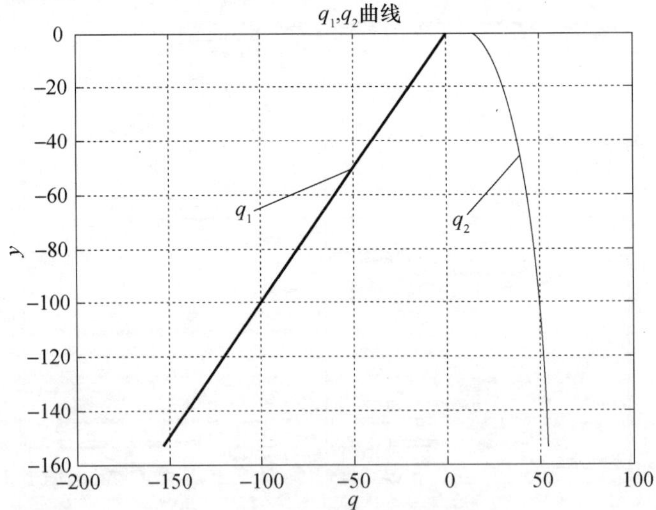

图 4-17　14.22 倍变焦系统变倍组和补偿组运动曲线

例 4－3　16 倍变焦系统，焦距 $f'=27.00\sim437.32$mm，光圈 $F=2.89\sim5.00$，采用 2/3 英寸 CCD（10.56mm × 5.94mm）的变焦镜头设计。已知：变倍组焦距 $f'_1=-60.1862$mm，补偿组焦距 $f'_2=86.094$mm，$\beta_1=\beta_2=-1$。

将上述数据代入式（4－11）和式（4－10），可得到不同位置时 q_2，和例 4－1、例 4－2 一样，令变倍组线性运动，则补偿必须曲线运动，彩图 4－18所示为 16 倍变焦的光学系统图、调制传递函数 MTF 曲线、球差曲线和点列图。应指出：只有在 $\beta_1=\beta=-1$ 时才有换根解，彩图 4－19 所示为 16 倍变焦系统变倍组合补偿运动曲线图。其中蓝线和红线在交叉点（换根点）相连，这种情况光学系统总长最小。

求得各组之间距离，进行光路计算。表 4－3 为 16 倍变焦光学系统参数中短、中、长焦时，变倍过程中变补偿组到像面光距离始终等于 37.99mm，光学系统总长为 458.99mm，由彩图 4－18 可以看出：变焦过程中成像质量始终良好，像面非常稳定。

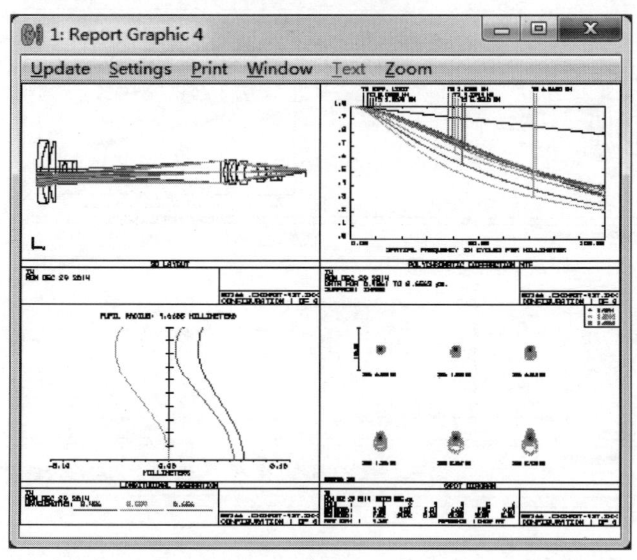

(a)

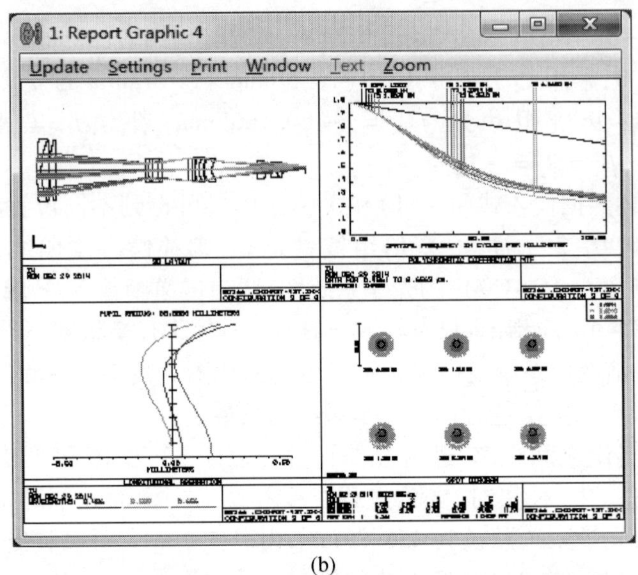

(b)

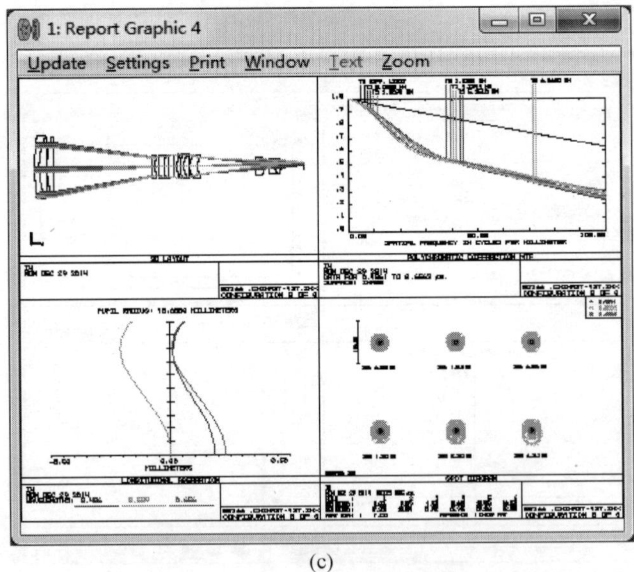

(c)

图 4 – 18　16 倍变焦系统的光学系统图、调制传递函数 MTF 曲线、球差曲线和点列图

(a)短焦($f'=27.002$mm);(b)中焦($f'=265.196$mm);(c)长焦($f'=437.311$mm)。

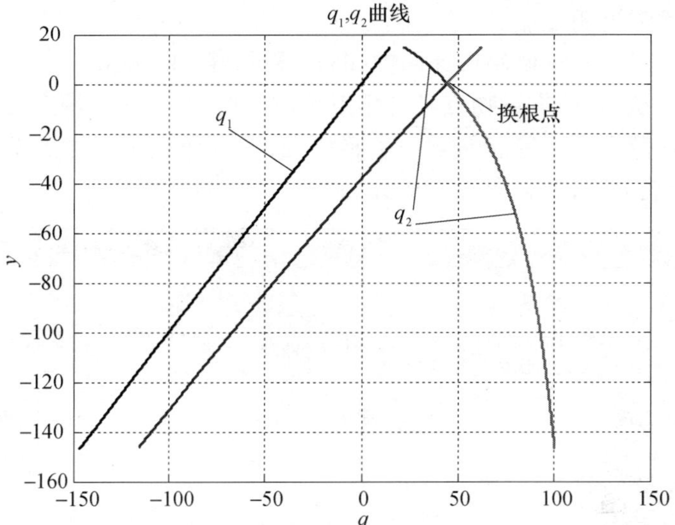

图 4 − 19　16 倍变焦系统变倍组合补偿组运动曲线

表 4 − 3　16 倍变焦光学系统参数

Lens Data Editor: Config 1/3

Edit　Solves　Options　Help

Surf:Type		Radius	Thickness		Glass	Semi-Diameter	
OBJ	Standard	Infinity	Infinity			Infinity	
1*	Standard	438.600000	7.420000		LAF4	54.000000	U
2*	Standard	135.520000	13.410000		ZK1	52.500000	U
3*	Standard	Infinity	0.360000			52.500000	U
4*	Standard	181.970000	12.380000		QK3	52.500000	U
5*	Standard	-993.100000	6.000000			52.500000	U
6*	Standard	-153.110000	4.720000		LAF10	20.000000	U
7*	Standard	71.940000	6.700000			19.000000	U
8*	Standard	-151.360000	8.620000		QK3	19.000000	U
9*	Standard	60.670000	8.400000		ZF7	20.000000	U
10*	Standard	322.600000	246.733000			20.000000	U
STO	Standard	Infinity	6.680000			19.250000	U
12*	Standard	97.950000	5.560000		ZK1	21.600000	U
13*	Standard	-187.930000	0.300000			21.600000	U
14	Standard	72.780000	5.540000		LAF4	19.886590	
15*	Standard	31.260000	9.220000		QK3	21.600000	U
16*	Standard	302.700000	0.300000			21.600000	U
17*	Standard	30.130000	13.380000		QK3	20.000000	U
18*	Standard	26.120000	23.227000			16.000000	U
19*	Standard	-31.330000	13.790000		QF3	13.200000	U
20*	Standard	-33.960000	7.890000			16.000000	U
21*	Standard	76.740000	9.590000		LAF10	13.000000	U
22*	Standard	23.120000	10.780000		QK3	13.000000	U
23*	Standard	-104.950000	37.990862	M		13.000000	U
IMA	Standard	Infinity	-			5.942151	

Multi-Configuration Editor

Edit　Solves　Tools　Help

Active : 1/3		Config 1*	Config 2	Config 3
1: THIC	23	37.990725	37.990725	37.990725
2: THIC	5	6.000000	152.650000	167.000000
3: THIC	10	246.733000	44.110000	7.730300
4: THIC	18	23.227000	79.200000	101.229700

下面需说明几点。

(1) 光学系统调制传递函数 MTF_g 和分辨率的关系。

瑞利认为,两靠近物点经光学系统成像后,其中一个像点的爱利斑中心恰好落在另一像点的第一个暗环上,即两像点距离等于爱利斑半径时,恰能分辨,如彩图 4-20 所示。

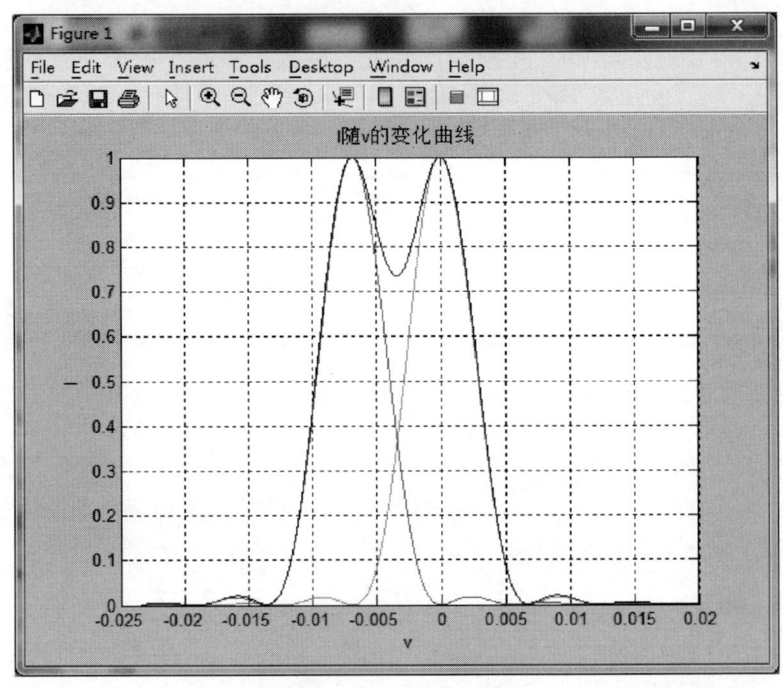

图 4-20 瑞利判断

道威认为,两像点距离为 0.85 爱利斑半径即可分辨,如彩图 4-21 所示。实践证明道威判断比较合适,因为人眼对强度的起伏变化是很敏感的,最大光强和最小光强差 5% 就感觉到。Zemax 和 Code Ⅴ 程序中理想光学系统的调制传递函数 MTF_g 就是按道威判断给出的。

由 MTF_g 根据人眼的视觉域(0.26%)可以求得光学系统的分辨率。即过 MTF_g 曲线上竖轴的 0.26 点画一条水线,它和 MTF_g 曲线的交点对应水平线的位置即为分辨率。图 4-22 中,曲线 1 为例 4-3 长焦时的理论调制传递曲线，曲线2为实际光学系统轴上点调制传递曲线。可见两者高频分辨率都很高，如果加一个目镜，变成望远镜，其高频目视分辨率和理想系统几乎相等。但低频 MTF_g 有差别，在100线对/mm时实际 MTF_g 只有0.233，而理想系统为0.633，如选像素小于5μm的CMOS就不太合适了。

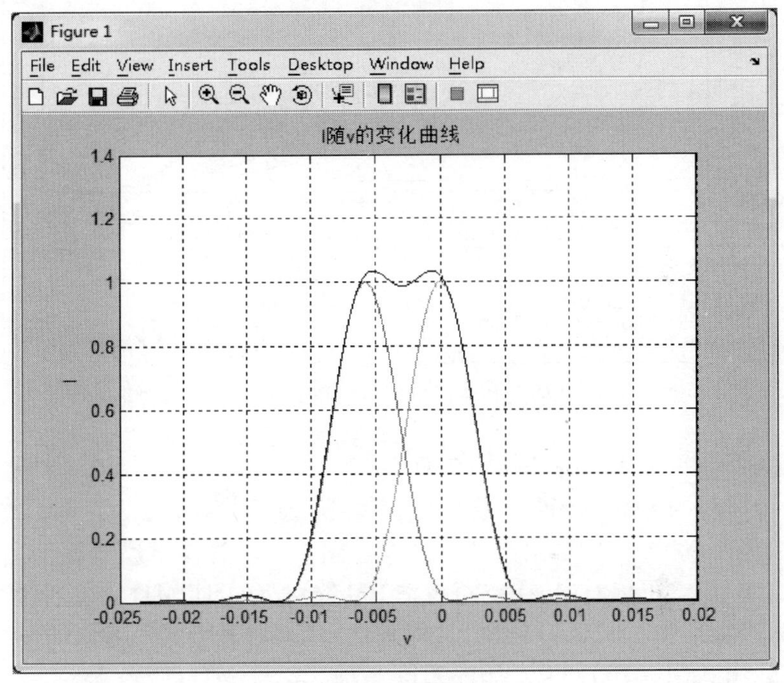

图4-21　道威判断

总之，光学系统的调制传递函数和分辨率主要受接受器件CCD（CMOS）限制，目前CCD像素最小为5μm；而CMOS像素最小为1.8μm，如其能克服噪声较大、破点多等缺点，将来有可能取代CCD。

（2）光学系统调制递函数MTF和分辨率的关系。

光学系统调传递函数MTF由两项构成

$$MTF = MTF_g \cdot MTF_d \tag{4-16}$$

式中：MTF_d 为CCD（CMOS）调制传递函数。

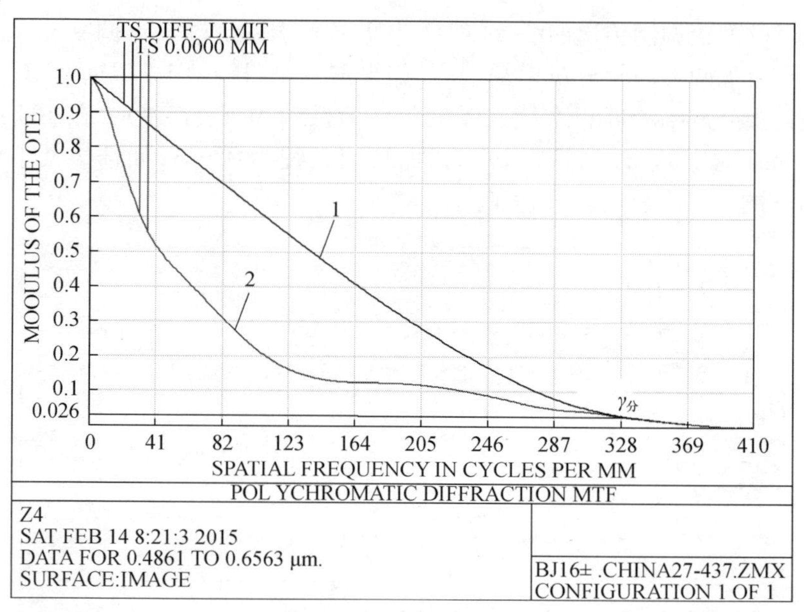

图 4－22　例 4－3 所示长焦时理论和实际轴上点调制传递函数曲线

① CCD(CMOS)调制函数 MTF_d。

MTF_d 与 CCD(CMOS)像素大小有关。麦伟麟在《光学传递函数及其数理基础》一书中已给出计算公式。图 4－23 为像素尺寸等于 5μm 时的 MTF_d。可以看出,在空间频率 100 线对/mm 时,$MTF_d=0$,此频率称为奈奎斯特(Nyquist)频率,又称截止频率,它等于两个像素的倒数。显然,由式(4－16)可以看出,无论 MTF_g 多大,MTF 恒等于零。所以 CCD(CMOS)限制了光学系统的调制传递函数和分辨率。如果像素尺寸为 5μm,光学系统的分辨率决不会超过 100 线对/mm。

② CCD(CMOS)单个像素的调制传递函数 MTF_{d1}。

一些 CCD(CMOS)厂家给出的是单个像素的调制传递函数 MTF_{d1},同样取像素尺寸为 5μm,如图 4－24 所示。显然截止频率变为 200 线对/mm,比奈奎斯特频率高一倍,在奈奎斯特频率处 $MTF_{d1}=0.63662$。这在一定程度上误导了一些光学工作者,如果在制定光学系统总体技术指标时,要求光学系统调制传递函数 MTF≥0.2,这是绝对达不到的。

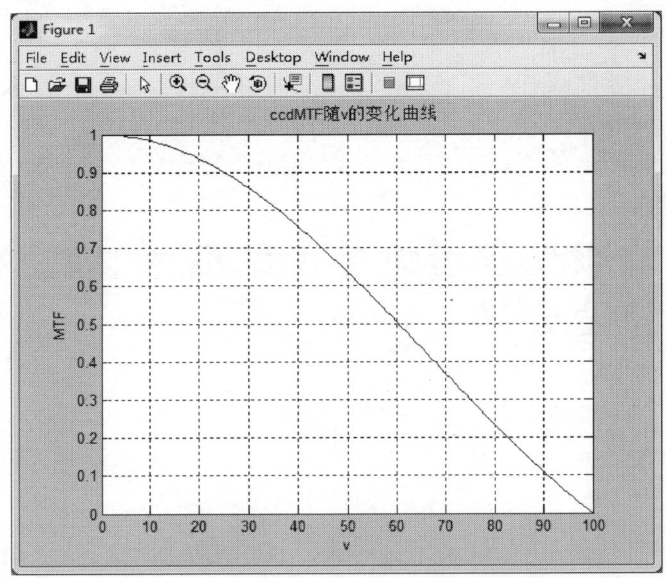

图 4-23　像素尺寸 5μm 的 CCD(CMOS) MTF_d

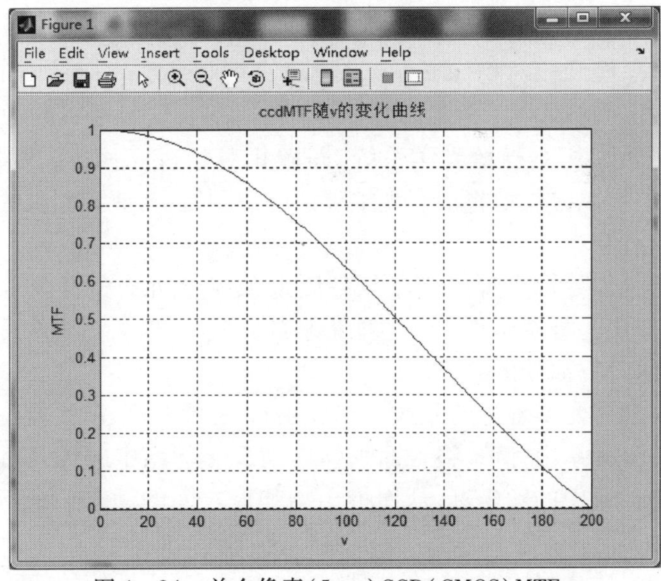

图 4-24　单个像素(5μm)CCD(CMOS) MTF_{d1}

第5章

应用动态光学理论导出的航天、航空相机像移补偿公式

5.1 概述

像移补偿是航空、航天相机的关键技术之一，航空、航天相机尤其是高分辨率的相机必须有高精度的像移补偿系统才能保证好的成像质量。对稳像光学系统的分析是动态光学理论重要的应用领域之一。

稳像光学系统是像相对某参照标记稳定的光学系统，又分为绝对稳像光学系统和相对稳像光学系统，即像相对基准坐标系（如大地坐标系）和相对接收器件稳定的光学系统。航空、航天相机的像移补偿系统就是属于相对稳像光学系统，即像相对相机底片（接收器件）稳定。所以，可以方便地将动态光学理论应用到航空、航天相机的像移补偿分析和计算中。

像移补偿分析常见的方法是各因素独立分析法和奇次坐标变换法，本章提出一种基于动态光学理论来计算航空、航天相机像移的物理概念清晰、计算简便的新方法。

采用动态光学理论的方法，是应用动态物像共轭理论，将物和像移动到同一坐标系中标定，将地面物体在地理坐标系中的位置对应变换成像面坐标系中的像坐标，从而推出物和像之间的动态关系。计算结果是通过矢量关系直接获得，计算简单、物理概念清楚。

这种方法是将原来的速高比概念完全推广，要补偿的像移运动包含了所有的运动因素：如地球的自转运动与地面的地形变化、飞行器的

姿态运动等。这种方法所实施的是完全的像移补偿,补偿精度高。

通过上述方法,将像与具体物体的运动方式联系起来,可以形成像移量和像移补偿量的分析表达式或计算模型;再将像移补偿的方法引入计算,其中的变量及其误差均由具体条件给定或设定,通过一定的计算手段,就可以得到具体的误差大小及其对成像质量的影响。因此,通过高精度的计算方法来推导像移补偿量就显得非常重要,这是以后分析各种误差量的基础。

5.2 航天相机的像移补偿量

5.2.1 符号的定义

在本章推导公式的过程中会用到各种符号,现定义如下:

H——卫星至海拔零位线的高度(km);

h——星下点 D 的海拔高度(km);

r——地球半径(km);

i_o——轨道倾角;

γ_o——轨道角;

α——在地惯坐标系中,卫星星下点 D 的纬度;

λ——在地惯坐标系中,卫星星下点 D 的经度;

ω——地球自转角速率(24h 转一圈,$\omega = 7.2722 \times 10^{-5}$ rad/s);

Ω——轨道卫星相对地心的角速率(低轨卫星转 90min 转一圈),($\Omega = 1.1163552 \times 10^{-3}$ rad/s);

$\Delta\omega$——相机相对地面的角速率(rad/s);

ψ_o——摄影时刻卫星的偏航姿态角;

θ_o——摄影时刻卫星的俯仰姿态角;

φ_o——摄影时刻卫星的横滚姿态角;

f——相机镜头物方焦距(m);

f'——相机镜头像方焦距(m);

$\boldsymbol{S}_{\psi_o}$——偏航角的旋转矩阵;

$\boldsymbol{S}_{\theta_o}$——俯仰角的旋转矩阵;

S_{φ_o}——横滚角的旋转矩阵；

$\Delta O_{y'}$——相机底片上像点相对底片框的位移量。

5.2.2 坐标系的建立

如图 5－1 所示，建立地球和卫星的坐标系。

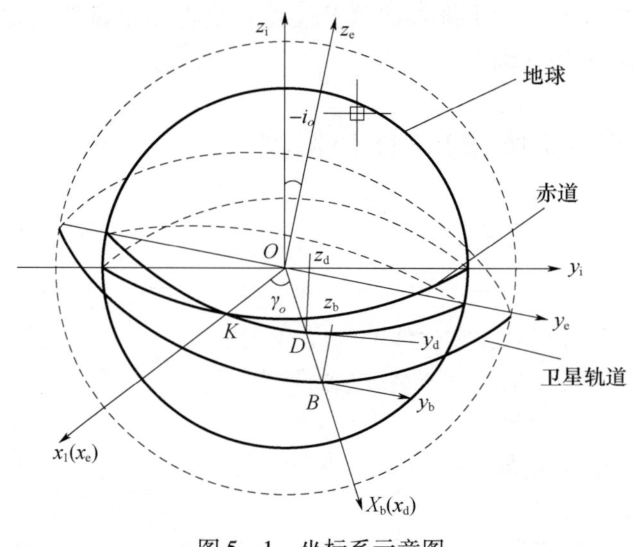

图 5－1 坐标系示意图

地惯坐标系 $Ox_iy_iz_i$（为不动坐标系）：轨道降交点为 K，地球中心为 O，以 OK 为 x_i 轴，地球自转轴为 z_i 轴，建立直角坐标系 $Ox_iy_iz_i$，以此坐标系为地球自转的起始点。

轨道坐标系 $Ox_ey_ez_e$（为不动坐标系）：以 OK 为 x_e 轴，卫星轨道面法线方向为 z_e 轴，建立直角坐标系 $Ox_ey_ez_e$，以此作为卫星绕地球转动的原始坐标。

地物坐标系 $Dx_dy_dz_d$：随地球自转的坐标系，原点取卫星下点 D，OD 为 x_d 轴，z_d 轴与 z_i 轴平行，建立直角坐标系 $Dx_dy_dz_d$。

卫星坐标系 $Bx_by_bz_b$：绕卫星转轴 y_e 转动的坐标系，B 为航天相机镜头的等效节点 J_o，D'为在底片上成的星下点 D 的像，$\boldsymbol{OB}$（或 $\boldsymbol{OD'}$）为 x_b 轴（相机光轴），z_b 轴与 z_e 轴平行，卫星绕 z_e 轴旋转。

由上面坐标系的定义可知,轨道坐标系是地惯坐标系绕 x_i 轴旋转 i_o 得到的。

$$\begin{bmatrix} x_e \\ y_e \\ z_e \end{bmatrix} = \begin{bmatrix} 1 & 0 & 0 \\ 0 & \cos i_o & -\sin i_o \\ 0 & \sin i_o & \cos i_o \end{bmatrix} \begin{bmatrix} x_o \\ y_o \\ z_o \end{bmatrix} \tag{5-1}$$

对于轨道坐标系和卫星坐标系来说,卫星坐标系是绕轨道坐标系的 z_e 轴旋转的坐标系,旋转的角度为 $\gamma_0+\Omega t$,如图 5-1 所示。两个坐标系之间有下列关系:

$$(i_b, j_b, z_b) = (i_e, j_e, k_e) \begin{bmatrix} \cos(\gamma_o+\Omega t) & -\sin(\gamma_o+\Omega t) & 0 \\ \sin(\gamma_o+\Omega t) & \cos(\gamma_o+\Omega t) & 0 \\ 0 & 0 & 1 \end{bmatrix} \tag{5-2}$$

对于降交点 K 来说,它在地球坐标系内的位置是随时间而变化的。设卫星旋转周期为 1.5h,则 24hK 点位置重复一次,即卫星转 16 圈,降交点又恢复到原来的位置。

5.2.3 航天相机的作用矩阵

$\boldsymbol{R}_o$ 为反映静态下物像方向共轭关系的物、像坐标基底转换矩阵。由式(1-1)知

$$(i', j', k') = (i, j, k)\boldsymbol{R}_o$$

$$\boldsymbol{R}_o = \begin{bmatrix} 1 & 0 & 0 \\ 0 & -1 & 0 \\ 0 & 0 & -1 \end{bmatrix} \tag{5-3}$$

垂轴放大率为

$$\beta = \frac{-f'}{H-h}$$

绝对值为

$$|\beta| = \frac{f'}{H-h}$$

所以

$$\boldsymbol{B}=\begin{bmatrix}|\beta| & 0 & 0\\ 0 & |\beta| & 0\\ 0 & 0 & |\beta|\end{bmatrix}=\begin{bmatrix}\frac{f'}{H-h} & 0 & 0\\ 0 & \frac{f'}{H-h} & 0\\ 0 & 0 & \frac{f'}{H-h}\end{bmatrix} \tag{5-4}$$

根据动态光学理论,可知反映静态下物、像方向共轭和伸缩变换的作用矩阵 $\boldsymbol{R}$ 为

$$\boldsymbol{R}=\boldsymbol{BR}=\begin{bmatrix}\frac{f'}{H-h} & 0 & 0\\ 0 & \frac{-f'}{H-h} & 0\\ 0 & 0 & \frac{-f'}{H-h}\end{bmatrix} \tag{5-5}$$

5.2.4 轨道角 γ_o 计算

设星下点 D 的纬度为 λ,轨道倾角为 i_o,则

下行:$\gamma_o=\arcsin(\sin\lambda/\sin i_o)$

上行:$\gamma_o=180^\circ+\arcsin(\sin\lambda/\sin i_o)$

5.3 像移补偿量计算

航天相机的像移补偿公式主要用来计算相机在运动状态下胶片相对相机底片框的运动量,以便控制胶片(CCD)的运动,实现准确的像移补偿。

5.3.1 地球绕 z_{i} 轴旋转、卫星绕 z_{e} 轴旋转像移补偿公式

1. 卫星绕 z_{e} 轴旋转底片框的运动

卫星绕 z_{e} 轴旋转时,底片框沿 $O'y'$轴方向运动,即卫星正常姿态的运动方向,转动中心是 O,旋转半径为 $H+r+f'$,线位移为

$$\Delta O'_{dy'}=(H+r+f')\Omega\Delta t \tag{5-6}$$

式中：Δt 为底片单次曝光时间（或 TDICCD 像素积分时间）。

2. 卫星绕 z_e 轴旋转像点的运动

卫星相机一般是共轴系统，此类系统在运动中不会产生像倾斜，如经纬仪一样，水平、高低扫描时不产生像倾斜，3.2.3 节中的航天空间站二维扫瞄相机也是基于此原理。因此，只需考虑轴上像点 O' 的位移即可只要求出等效节点 J_o 的移动量，则可得

$$\begin{cases} \Delta O'_{x'} = 0 \\ \Delta O'_{y'} = (1-\beta)\Delta J_{oy'} \\ \Delta O'_{z'} = (1-\beta)\Delta J_{oz'} \end{cases}$$

同样，卫星在正常姿态的运动方向飞行时，在像坐标 $O'x'y'z'$ 内，像点位移 $\Delta O'_{z'} = \Delta O'_{x'} = 0$，

$$\Delta J_{oy'} = (1-\beta)\Omega\Delta t$$

$$\Delta O'_{\Omega y'} = (1-\beta)\Delta J_{oy'}$$

式中：$\Delta O'_{\Omega y'}$ 为卫星绕 z_e 轴旋转时，像点在 $O'y'$ 轴方向的位移。

将 β 和 $\Delta J_{oy'}$ 值代入，得

$$\Delta O'_{\Omega y'} = \left(1 + \frac{f'}{H-h}\right)(H+r)\Omega\Delta t \tag{5-7}$$

3. 地球自转导致像点在底片框上的运动量

地球自转时，地面物点的位移量为 $\Delta L = (r+h)\omega\Delta t$，对应像点位移为

$$\Delta O'_{\omega t} = \beta\Delta L = (r+h)\omega\Delta t$$

因为卫星绕 z_e 轴旋转，地球绕 z_i 轴旋转，两夹角为 i_o，由地球自转产生的像点位移在 $O'y'$ 轴上投影为 $\Delta O'\cos i_o$。在 $O'x'$ 轴上投影为 $\Delta O'\sin i_o$，远小于焦深，且不影响像点位置，可以不用考虑，故

$$\Delta O'_{\omega y'} = -\frac{r+h}{H-h}f'\omega\Delta t\cos i_o \tag{5-8}$$

4. 地球绕 z_i 轴旋转、卫星绕 z_e 轴旋转像移补偿公式

地球绕 z_i 轴旋转、卫星绕 z_e 轴旋转像移补偿公式为

$$\Delta O'_{y'} = \Delta O'_{\Omega y'} + \Delta O'_{\omega y'} - \Delta O'_{dy'}$$

得

$$\Delta O'_{y'} = \frac{r+h}{H-h} f'(\Omega - \omega\cos i_o)\Delta t \tag{5-9}$$

通过以上推导可以看出:像相对底片框的运动主要表现在卫星的飞行方向 $O'y'$上。即底片框上的接收器件 CCD 或胶片应沿 $O'y'$轴方向移动 $\Delta O'_{y'}$才能保证摄影过程中图像的清晰度。

假如,地面物点海拔高度 $h=0$,卫星轨道高度 $H=350\text{km}$,轨道倾角 $\gamma_0=15°$,周期 $T_\Omega=90\text{min}$,则角速度 $\Omega=1.1163552\times10^{-3}\text{rad}$,地球半径 $r=6371\text{km}$,自转周期 $T_\omega=24\text{h}$,则角速度 $\omega=7.2722\times10^{-5}\text{rad}$,摄影镜头焦距 $f'=3\text{m}=3000\text{mm}$,底片单次曝光时间(或 TDICCD 像素积分时间)$\Delta t=0.01\text{s}$,代入式(5-9),得

$$\Delta O'_{y'} = \frac{r}{H} f'(\Omega - \omega\cos i_o)\Delta t = 0.597(\text{mm})$$

可见,在此曝光(或积分)时间内像点相对底片框移动量还是比较大的,这会造成图像的模糊,所以必须进行像移补偿。如连续曝光(或积分),可根据式(5-9)求出像移补偿速度对式(5-9)中不同量取偏微分可进行误差分析。

注意:如需倾斜摄影,应考虑地球曲率半经的影响。

5.3.2 卫星姿态角的影响

卫星姿态角有 ψ_o、θ_o 和 φ_o,其中:ψ_o 为摄影时刻卫星的偏航姿态角;θ_o 为摄影时刻卫星的俯仰姿态角;φ_o 为摄影时刻卫星的横滚姿态角。

其中,偏航角 ψ_o 是卫星绕 $O'z'$轴旋转,旋转矩阵为

$$\boldsymbol{S}_{\psi_o} = \begin{bmatrix} \cos\psi_o & -\sin\psi_o & 0 \\ \sin\psi_o & \cos\psi_o & 0 \\ 0 & 0 & 1 \end{bmatrix}$$

俯仰角 θ_o 是卫星绕 $O'x'$(光轴)旋转,旋转矩阵为

$$\boldsymbol{S}_{\theta_o} = \begin{bmatrix} 1 & 0 & 0 \\ 0 & \cos\theta_o & -\sin\theta_o \\ 0 & \sin\theta_o & \cos\theta_o \end{bmatrix}$$

横滚角 φ_o 是卫星绕 $O'y'$轴旋转,旋转矩阵为

$$
\boldsymbol{S}_{\varphi_o}=\begin{bmatrix}\cos\varphi_o & 0 & \sin\varphi_o\\ 0 & 1 & 0\\ -\sin\varphi_o & 0 & \cos\varphi_o\end{bmatrix}
$$

实际上卫星相机是推扫成像,接收器件是长条形的(TDICCD 或在胶片前加狭缝),位于 $O'z'$方向。

偏航角 ψ_o 和横滚角 φ_o 会使光轴不对向球心,属倾斜摄影,像面上 D'不是星下点 D 的像,而是光轴外点的像。受地球曲率的影响推扫过程中地面上一条直线其像为弧线。

俯仰角 θ_o 使底片框旋转,$O'z'$方向上的接收器件对应的是地面上和 Oz 轴夹角 θ_o 的斜线,补偿办法是接收器件绕 $O'x'$(光轴)反向旋转 θ_o 角。

总之,卫星姿态角不能太大,否则会使像移补偿公式变得复杂。实际上卫星计算应控制卫星尽量按正确姿态飞行,实现正交摄影,不太可能产生大的姿态角。

在卫星姿态角很小的情况下,可用微量转角矢量分析。在地球同步卫星相机像移中将专门讨论此问题。

5.3.3 地球同步卫星相机像移补偿问题

地球同步卫星相机 $\omega=\Omega, i_o=0$,由式(5-9)知,$O'_{y'}=0$,只需考虑卫星姿态角对像移补偿的影响。又知,狭缝位于 $O'z'$方向,狭缝半高度为 $l'_{o'}$,则

$$
\boldsymbol{Z}'_{o'}=\begin{bmatrix}0\\ 0\\ l'_{o'}\end{bmatrix}
$$

(1) 姿态角很小,偏航角为 $\Delta\psi_o$ 时,有

$$
\boldsymbol{S}_{\Delta\psi_o}=\begin{bmatrix}1 & -\Delta\psi_o & 0\\ \Delta\psi_o & 1 & 0\\ 0 & 0 & 1\end{bmatrix}
$$

像移量为

$$
\Delta Z'_{o'}=\boldsymbol{S}_{\Delta\psi_o}Z_{o'}-Z_{o'}=0
$$

偏航角 $\Delta\psi_o$ 产生像移量可忽略,卫星相机瞄向地面上附近的一条直线。

（2）姿态角很小,俯仰角为 $\Delta\theta_o$ 时,有

$$\boldsymbol{S}_{\Delta\theta_o}=\begin{bmatrix}1 & 0 & 0\\0 & 1 & -\Delta\theta_o\\0 & \Delta\theta_o & 1\end{bmatrix}$$

$$\Delta Y'_{o'}=\boldsymbol{S}_{\Delta\theta_o}Z'_{o'}-Z'_{o'}=-l'_{o'}\Delta\theta_o$$

俯仰角 $\Delta\theta_o$ 会使边缘像点 $Z'_{o'}$绕轴上像点 O'沿 $O'y'$有一角位移(像倾斜),卫星相机瞄向地面上一条斜线(相对 z_d 轴)。

（3）姿态角很小,横滚角为 $\Delta\varphi_o$ 时,有

$$\boldsymbol{S}_{\Delta\varphi_o}=\begin{bmatrix}1 & 0 & \Delta\varphi_o\\0 & 1 & 0\\-\Delta\varphi_o & 0 & 1\end{bmatrix}$$

$$\Delta X'_{o'}=\boldsymbol{S}_{\Delta\varphi_o}Z'_{o'}-Z'_{o'}=l'_{o'}\Delta\varphi_o$$

横滚角 $\Delta\varphi_o$ 会造成离焦,$\Delta\varphi_o$ 很小时此离焦量在焦深范围内,可忽略。

实际上,卫星相机(低轨或高轨)是靠陀螺控制的,陀螺的漂移很小,而且变化很缓慢,在曝光(或积分)时间内姿态角变化非常小,可不用考虑姿态角变化产生的像移补偿问题。

5.3.4 航空相机的像移补偿公式

航空相机没有脱离地球引力,只是由飞机的动力相对地面运动,一般平飞相对地面正交摄影,线速度为 v,飞行高度为 H,地面海拔高度为 h,式(5－9)简化为

$$\Delta O'_{y'}=\frac{f'}{H-h}v\Delta t \tag{5－10}$$

式中:Δt 为曝光时间。

此公式已被广泛应用,既可用底片进行像移补偿,又可根据平面反射镜的动态成像特性进行像移补偿。

总之,低轨卫星相机的像移补偿公式(5－9)为正交摄影的通用公式,地球同步(高轨)卫星相机和航空相机的像移补偿公式是在其基础上简化而来。

第 6 章

变焦激光照射系统

6.1 激光夜视仪

夜视仪分为被动式和主动式。

被动式有微光夜视仪和红外夜视仪。微光夜视仪是被观察物体反射星星和月亮的微弱光线，光学系统采用大相对孔径和像增强器接收；红外夜视仪分为中波红外 $\lambda = 3 \sim 5\mu m$ 和长波红外 $\lambda = 8 \sim 14\mu m$ 两种，其中，中波红外夜视仪必须用制冷的带冷屏的接收器件，长波红外夜视仪可以不用制冷的带冷屏的接收器件，后者对比度差。被动式夜视仪优点是不易暴露自己，军事上常用。

主动式夜视仪用激光照射被观察物体，光学系统接收物体反射的光线，缺点是易暴露自己，一般用在民用监控系统。激光波长尽量远离可见光波长，如 $\lambda = 1.06\mu m$ 等。微光夜视仪的照射系统应采用变焦光学系统，在一段距离内光斑保持不变，提高能量利用率。

实例 现设计一微光夜视仪照明系统，技术指标如下：

照明波长：$\lambda = (1.05 \sim 1.07)\mu m$

激光孔径角：NA = 0.2

孔径光阑直径：$D = 0.7mm$

照射距离：$L = 50 \sim 1000m$

光斑直径：在照射距离范围内，$\phi = (10 \pm 0.01)m$

图 6-1 所示为在照明 50m 时的光学系统图，表 6-1 所列为光学系统结构参数，表 6-2 所列为照射不同距离时透镜间隔 THIC1 和THIC3，其中，THIC6 为照射距离，图 6-2 所示为激光夜视仪变焦曲线。

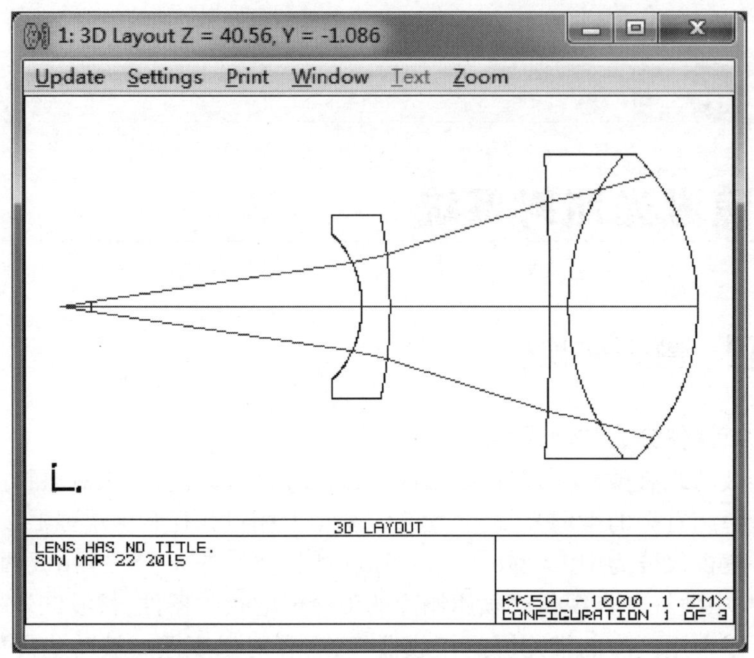

图 6－1　激光夜视仪光学系统图

表 6－1　激光夜视仪光学系统参数

Lens Data Editor: Config 1/3

Edit Solves Options Help

Surf	Type	Radius	Thickness	Glass	Semi-Diameter	
OBJ	Standard	Infinity	2.310000		0.000000	
STO	Standard	Infinity	20.668000		0.350465	
2*	Standard	-7.980000	2.150000	K9	5.600000	U
3*	Standard	-33.880000	12.182000		7.000000	U
4*	Standard	-171.790000	1.400000	ZF2	11.550000	U
5*	Standard	18.030000	9.790000	K9	11.560000	U
6*	Standard	-16.672000	5.000000E+004		11.550000	U
IMA	Standard	Infinity	-		4999.834546	

表 6－2　照射不同距离时透镜间隔 THIC1 和 THIC3

Multi-Configuration Editor

Edit Solves Tools Help

Active : 1/3		Config 1*	Config 2	Config 3
1: THIC	1	20.668000	8.736000	3.143000
2: THIC	3	12.182000	24.114000	29.707000
3: THIC	6	5.000000E+004	2.250000E+005	1.000000E+006

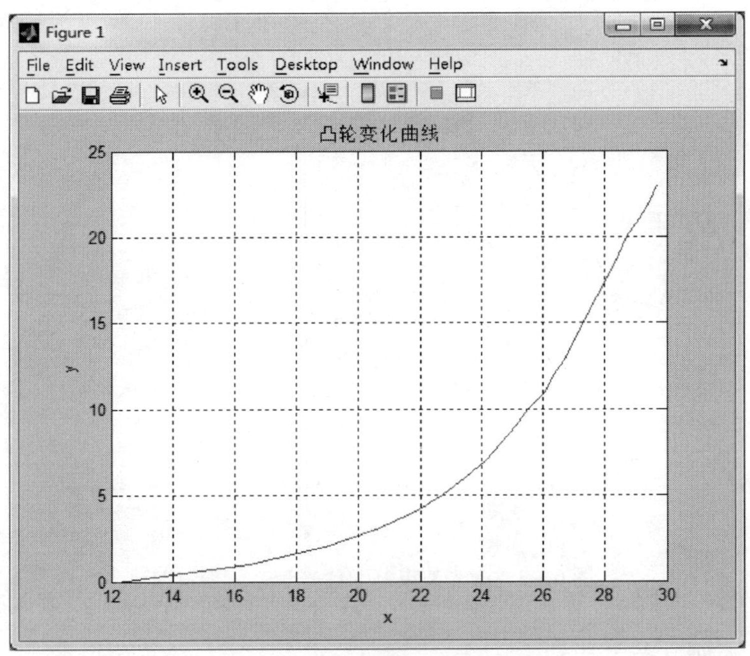

图 6 - 2 激光夜视仪变焦曲线

6.2 激光架束制导仪

激光架束制导仪是将其放置在射击系统旁边，它发出的激光束照射被攻击目标，此激光束经过调制，光斑大小在一定距离内（如 100 ~ 2500m）保持不变（如 6m），恰巧能罩住坦克。调制盘放置在非常靠近制导仪光学系统的孔径光阑处，两者平行（垂直主轴），调制盘绕平行光轴的轴旋转，因此出射激光束被调制盘调制，两者形态相似。

图 6 - 3 所示为激光架束制导仪光学系统示意图。

导弹（炮弹）射出后进入激光束，根据调制盘图案及导弹（炮弹）尾部的接收器保证其始终沿激光束中心飞行，从而命中目标。

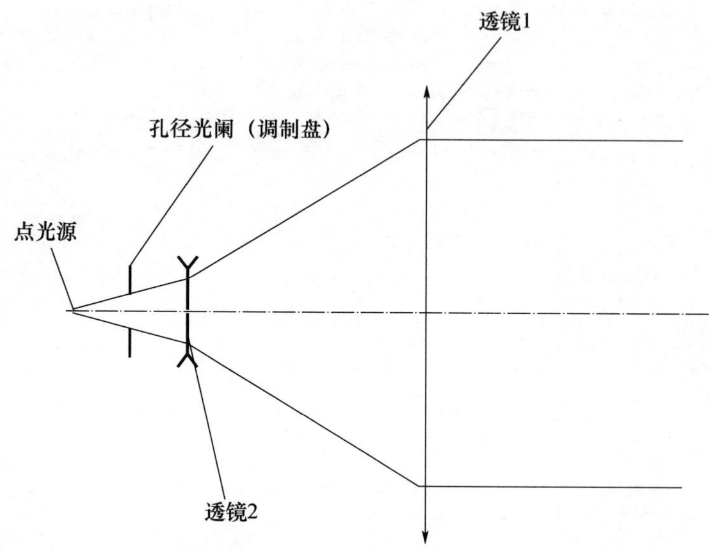

图6－3　激光架束制导仪光学系统示意图

实例　技术指标：

激光波长：$\lambda = (1.05 \sim 1.09)\mu m$

激光孔径角：NA＝0.1

孔径光阑直径：$D = 1mm$

照射距离：$L = 100 \sim 2500m$

光斑直径：在照射距离范围内，$\phi = (6 \pm 0.01)m$

图6－4所示为激光架束制导仪光学系统图，表6－3所列为激光架束制导仪光学系统参数，表6－4为照射不同距离透镜间隔为THIC1和THIC3，其中，THIC6为照射距离，图6－5所示为距离100m、1000m和2500m的光斑尺寸和形状。为说明其和调制盘图案相似，孔径光阑（在调制盘）用环状表示。图6－6所示为激光架束制导仪变焦曲线。

应强调的是，无论是激光夜视仪还是激光制导仪，出射的激光束不能有会聚点（特别是在出口附近），这样使用起来才安全。

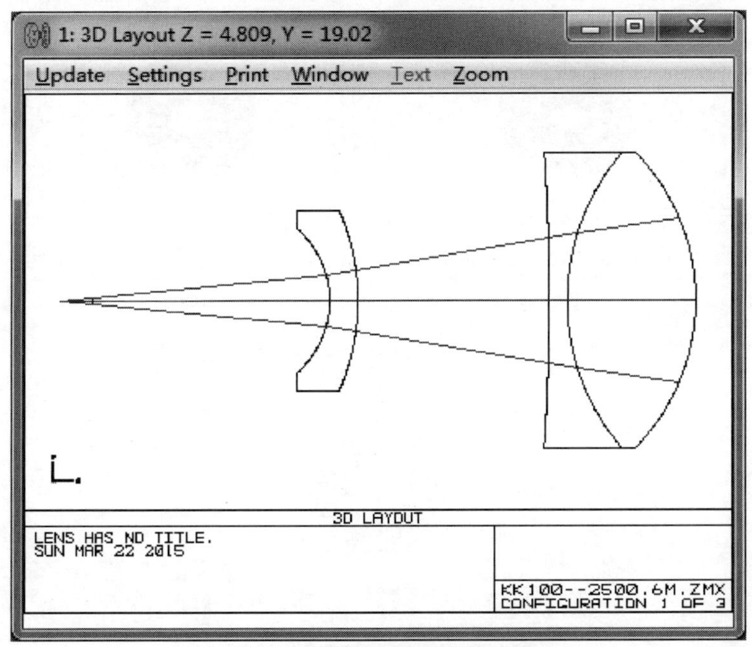

图 6－4　激光架束制导仪光学系统图

表 6－3　激光架束制导仪光学系统参数

Lens Data Editor: Config 1/3

Edit Solves Options Help

Surf:Type		Radius	Thickness	Glass	Semi-Diameter	
OBJ	Standard	Infinity	4.980000		0.000000	
STO*	Standard	Infinity	36.367000		0.500509	
2*	Standard	-15.171000	4.300000	K9	11.200000	U
3*	Standard	-35.560000	29.333000		14.000000	U
4*	Standard	-352.400000	2.820000	ZF2	23.100000	U
5*	Standard	35.970000	19.630000	K9	23.100000	U
6*	Standard	-33.340000	1.000000E+005		23.100000	U
IMA	Standard	Infinity	-		3000.020967	

表 6－4　照射不同距离透镜间隔为 THIC1 和 THIC3

Multi-Configuration Editor

Edit Solves Tools Help

Active : 1/3		Config 1*	Config 2	Config 3
1: THIC	1	36.367000	10.295000	5.857000
2: THIC	3	29.333000	55.405000	59.843000
3: THIC	6	1.000000E+005	1.000000E+006	2.500000E+006

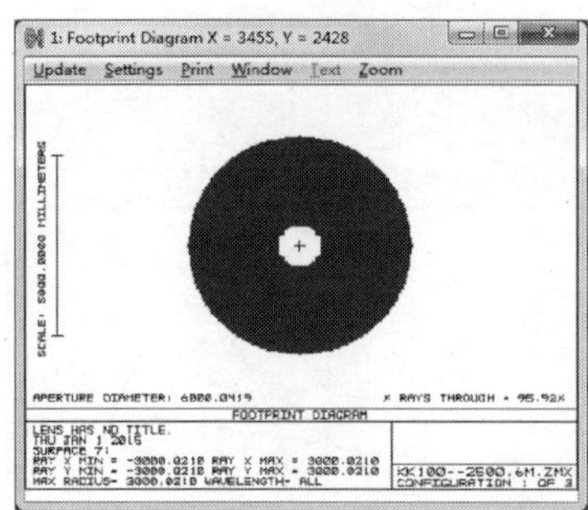

100m

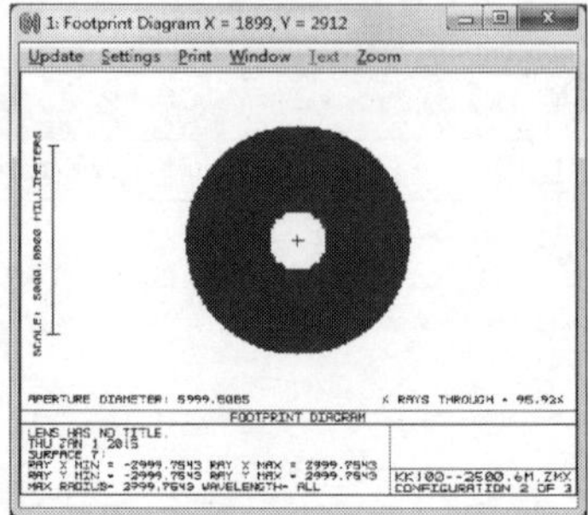

1000m

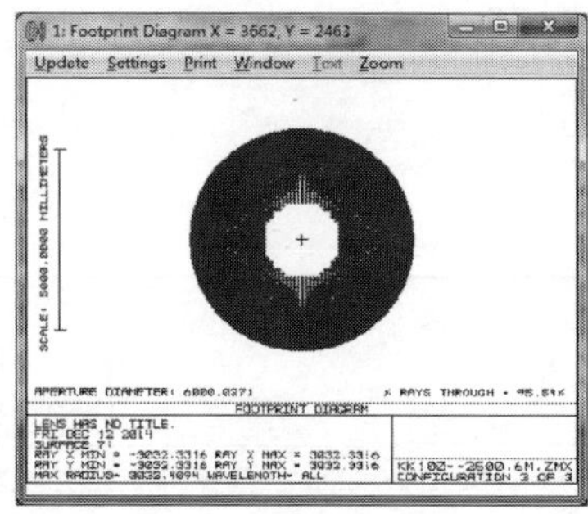

2500m

图 6－5　光斑尺寸和形状

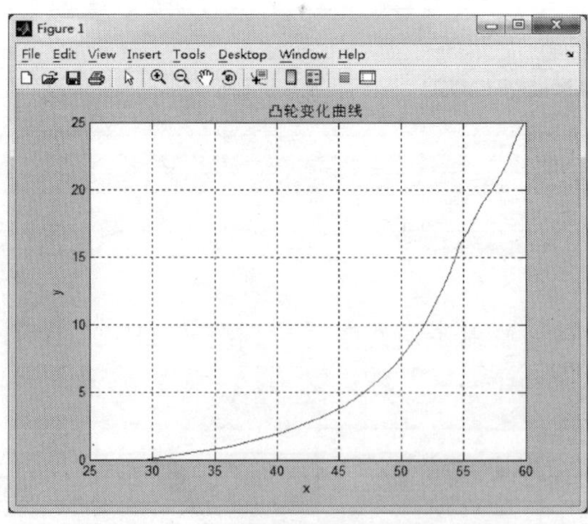

图 6－6　激光架束制导仪变焦曲线

第 7 章

动态光学在光学系统加工、装配中的应用

光学系统的加工、装调可视为一动态过程，光学零件的误差是零件偏离正确位置造成的，使其恢复到正确位置便是一动态过程。同样，光学零部件偏离系统正确位置，通过装调使之恢复到正确位置，也是一动态过程。

根据前几章讲述的透镜、棱镜等元件的动态成像特性，可以方便地制定加工工艺和装调工艺。本书仅就透镜和反射棱镜的制造误差进行论述，并举一装调实例。离轴反射系统加工和装调难度大，故本章也予以重点讨论。

7.1 透镜中心误差

光学系统光轴是指各透镜表面球心连线。

根据国家标准 GB 1224—76《几何光学常用术语、符号》和 GB 7242—87《透镜中心误差》，可这样理解：透镜中心误差是透镜外圆中心轴和光轴的偏离程度。它包含两层意思：一为光轴相对透镜外圆中心轴平移，即透镜等效节点垂直透镜外圆中心轴移动，用 c(mm)表示，称线偏心；另一层意思是光轴相对透镜外圆中心轴倾斜一角度，用 α(角秒)表示，称角偏心。图 7－1 所示为 3 种透镜中心误差情况。实际上，图 7－1(a)和(b)是特殊情况，图 7－1(c)为普遍情况，即透镜光轴相对透镜外圆中心轴既平移又有倾斜。

其实，透镜系统是由许多球面构成的，单个球面的等效节点 J_o 为球心 C，光轴则是光学系统光轴球表面交点(顶点)S 和球心的连线。分析其中心偏差 c 和角偏差 α 更为重要，如图 7－2 所示。

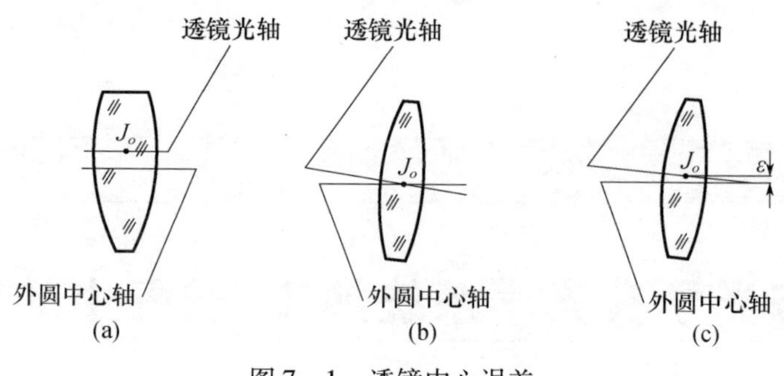

图 7－1　透镜中心误差

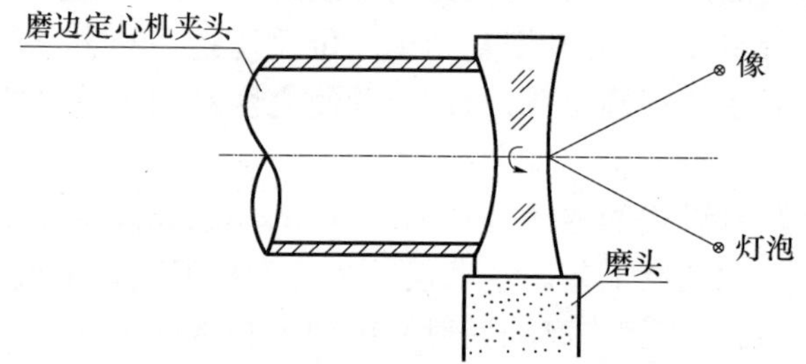

图 7－2　单透镜磨边定心示意图

透镜外圆是和镜筒配合的,它是透镜垂轴方向的定位面,用于保证透镜在光学系统中位置的正确性。透镜位置正确与否的一个重要标志是透镜光轴是否和系统光轴重合。透镜偏心差反映的恰是透镜光轴与定位面的位置偏差。因此,本节讨论透镜位置误差的公式同样可以用来分析透镜偏心差。

从像点位移的角度看,透镜偏心差的危害并不大,因为只有等效节点垂轴位移才导致像点垂轴位移。无论是光轴的倾斜还是平移产生的像点垂轴位移同棱镜误差产生的像点垂轴位移比较起来小得多,完全可以在装校中调整过来,甚至不用调整。但是透镜偏心差破坏了光学系统的共轴性,对像质的危害比较大,因此,透镜中心误差的公差是根据像质给定的。

实例　表 7－1 所列为一摄影镜头光学系统参数。

技术指标:

焦距　$f'=149.98mm$

光圈　F = 4

视场　$2\omega = 35°$

波长　$\lambda = 0.4861 \sim 0.8000\mu m$

表 7 - 1　摄影镜头光学系统参数

Lens Data Editor

Edit　Solves　Options　Help

Surf	Type	Radius	Thickness	Glass	Semi-Diameter
OBJ	Standard	Infinity	Infinity		Infinity
1*	Standard	54.330000	9.430000	LAK4	24.000000 U
2*	Standard	107.400000	0.200000		23.000000 U
3*	Standard	44.670000	9.460000	LAK4	22.000000 U
4*	Standard	-737.900000	4.390000	TF3	22.000000 U
5*	Standard	29.720000	18.120000		18.000000 U
STO	Standard	Infinity	16.510000		13.000000 U
7*	Standard	-34.670000	6.570000	TF3 P	18.000000 U
8*	Standard	136.460000	10.370000	LAK4 P	22.000000 U
9*	Standard	-52.240000	0.200000		22.000000 U
10*	Standard	-1577.600000	9.430000	LAK4 P	23.000000 U
11*	Standard	-82.040000	104.853019 M		24.000000 U
IMA	Standard	Infinity	-		46.857187

图 7 - 3 所示为摄影镜头光学系统图，图 7 - 4 所示为其调制传递函数 MTF，图 7 - 5 所示为第七面角偏心 $c = 0.02$mm 时的调制传递函数 MTF 曲线，图 7 - 6 所示为第七面角偏心 $\alpha = 0.033°$时的 MTF 曲线。

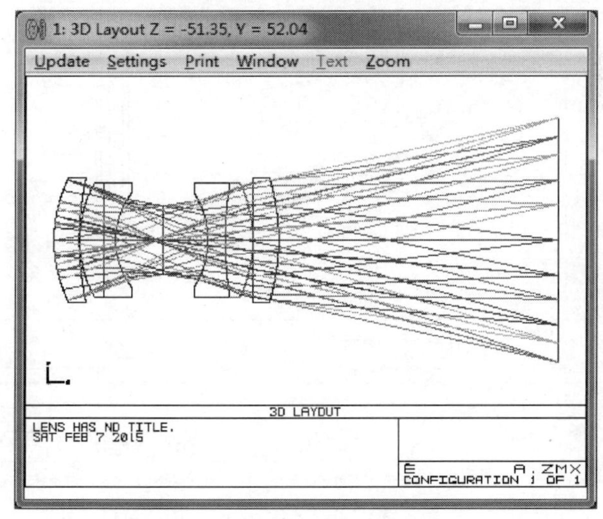

图 7 - 3　摄影镜头光学系统图

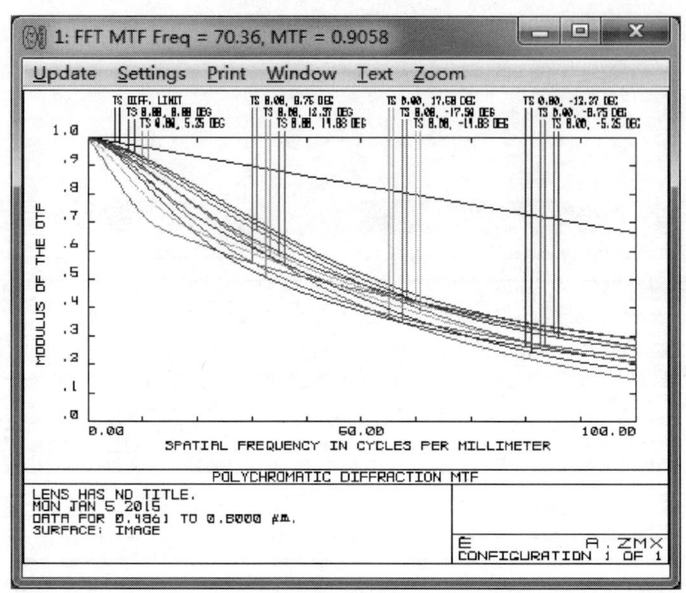

图 7 - 4　摄影镜头调制传递函数 MTF

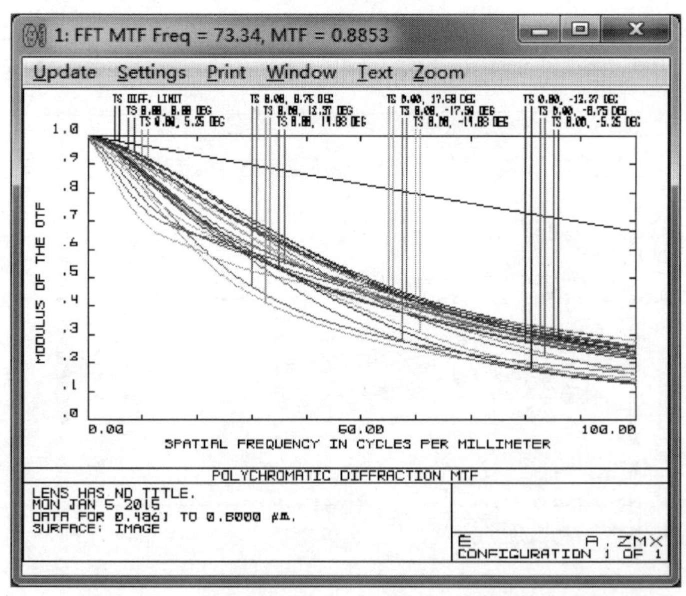

图 7 - 5　第七面线偏心 $c = 0.02$mm 时的 MTF 曲线

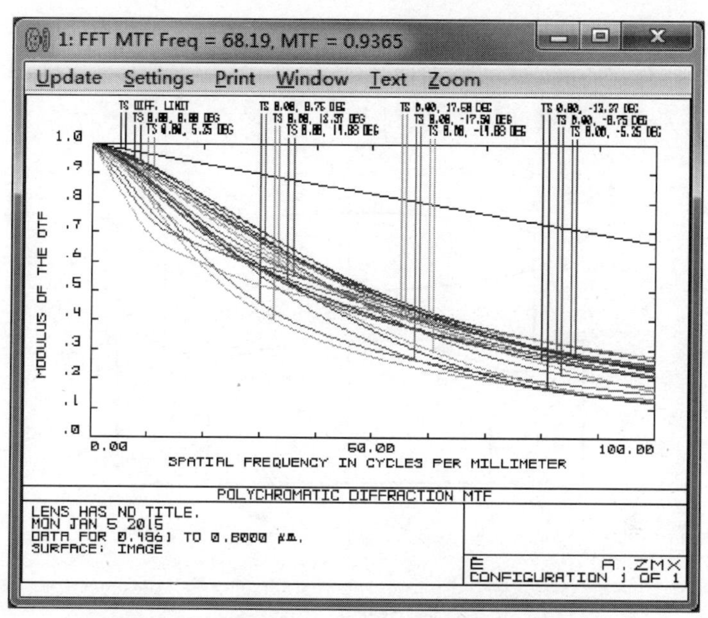

图 7－6　七面角偏心 $\alpha = 0.033°$时的 MTF 曲线

由图 7－5 和图 7－6 可以看出在线偏心 $c = 0.02\text{mm}$ 和角偏心 $\alpha = 0.033°$时 MTF 曲线变化差不多，这是因为两者关系为

$$c = \alpha R \tag{7-1}$$

将 α 用弧度表示，用式(7－1)计算，c 恰好等于 0.02mm。

给角偏心 α 更为实际、合理。但从式(7－1)可以看出：在 c 为定值时，R 越大 α 越小；反之，在 α 为定值时，R 越大 c 越大。

该镜头视场比较大，相对孔径也不小，属大像差系统，7 种几何像差均需校正。为此，采用准对称结构（双高斯型），垂轴像差慧差、畸变和色畸变抵消；沿轴如像差球差、位置色差、像散、场曲和沿轴色差叠加。为便于加工和装配，应控制各个球面的像差贡献量，尽量实现小像差互补。其中，像差贡献最大的是第七面，$R = -34.67\text{mm}$。偏心差取 $c = 0.02\text{mm}$ 或 $\alpha = 0.033°$均可，工艺上机械定心法就可保证。第五面也可按此给出，其他面按 $c = 0.03\text{mm}$ 或 $\alpha = 0.05°$给出。

单透镜磨边定心时，以第七面定位，观察第八面反射像，因第八面曲率半 $R = 136.46\text{mm}$，转动时反射像跳动比较很大，易于保证其定心精度,如图 7-2 所示。

双胶合定心时,以第七面定位,转动由第八面和第九面构成的凸透镜,在定心仪上观察像的跳动,跳动最小时胶合,如图 7-7 所示。

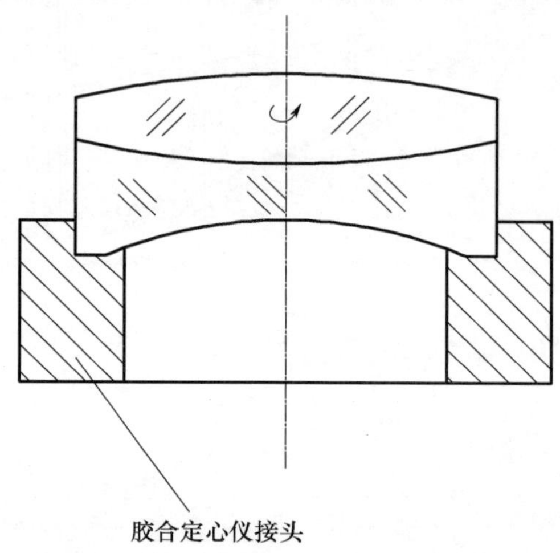

图 7-7 双胶合透镜定心示意图

7.2 反射棱镜的制造误差

反射棱镜制造误差包括尺寸误差和角度误差。

7.2.1 反射棱镜的尺寸误差

反射棱镜尺寸误差会使展成的平行玻璃板厚度改变,若棱镜位于会聚光路中,由此将产生像点沿轴位移,其位移量为

$$\Delta L = \frac{n-1}{n}\Delta d \tag{7-2}$$

式中:Δd 为展成的平行玻璃板厚度误差。它和透镜、分划板沿轴位移及透镜焦距误差、棱镜位置误差等原因导致的像点沿轴位移是一样的,最后的结果都是使实际像点和理想像点不重合。

展成的平行玻璃板厚度 d 与棱镜的通光口径 D 有关,实际生产中是控制与棱镜通光口径 D 有关的尺寸,保证 Δd 在允差范围内。反之,

若知道棱镜通光口径 D 的误差，则可根据棱镜的通光口径 D 和展成的平行玻璃板厚度 d 的关系算出 Δd。

7.2.2　反射棱镜的角度误差

反射棱镜角度误差包括光轴截面内角度误差、棱镜和屋脊角误差。

1. 棱镜光轴截面内角度误差、棱差与光学平行度关系

光学平行度定义：将棱镜展开成平行玻璃板后，这一平行玻璃板的平行差。对于光轴垂直入射面入射的棱镜，也就是光轴出射前对出射面法线的偏差。

棱镜的光学平行度用字母 θ 表示，它由两个互相垂直的分量构成：光轴截面内的分量称为第一光学不平行度，用 θ_{I} 表示；垂直于光轴截面的分量称为第二光学平行度，用 θ_{II} 表示。θ_{I} 是由光轴截面内角度误差引起的，θ_{II} 是由棱差引起的。它们是两个互相垂直的分量，分析其中一个时，可假设另一个为零。

有两种分析计算光学平行度的方法：一是将棱镜展开成为平行玻璃板，求其平行差；二是在光线垂直入射面入射的条件下，追迹光线，求其出射前和出射面法线间的夹角。

1）第一光学平行度 θ_{I} 与光轴截面内角度误差的关系

设无棱差，$\theta_{\text{II}}=0$。

将棱镜展开成平行玻璃板，把光轴截面画在纸面上，图面上的直线就是棱镜各工作面及“像”和光轴截面的交线，从而，便可把两平面的平行差问题归结为两直线的平行差问题。用任意中间线段将展开图前、后两直线连接起来，通过简单的几何关系很容易求出 θ_{I} 与光轴截面内角度误差的关系式。

如图 7 - 8 所示的两个棱镜：

图(a)为直角棱镜 DⅠ - 90°，它的 θ_{I} 为

$$\theta_{\text{I}}=\Delta C-\Delta B=\delta 45^{\circ}$$

式中：$\delta 45^{\circ}$ 为两 45°角之差，即 $\delta 45^{\circ}=\angle C-\angle B$。

图(b)为列曼屋脊棱镜 LⅢ_J-0°，它的 θ_{I} 为

$$\theta_{\text{I}}=\Delta A-\Delta D-2\Delta C=\Delta 60^{\circ}-\Delta 120^{\circ}+2\Delta 30^{\circ}$$

θ_{I} 表达式中各角度误差为误差量。

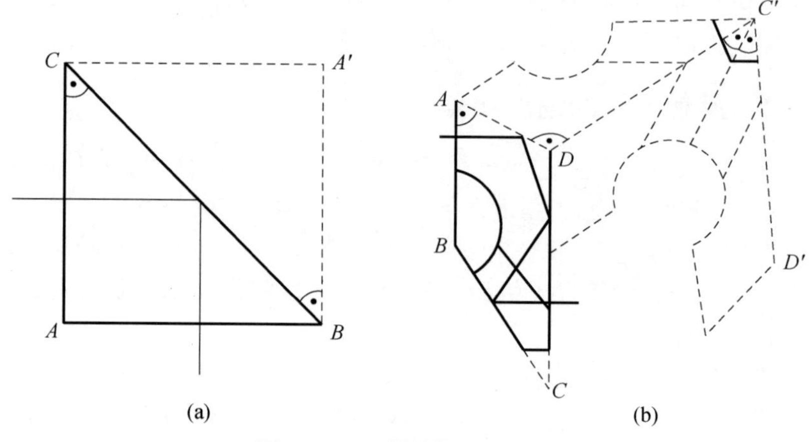

图 7-8　反射棱镜角度误差

2）第二光学平行度 θ_{II} 与棱差关系

棱差分为 A 棱差和 C 棱差。

A 棱差：棱镜中（不限定工作面数），工作面和基准棱间夹角，也就是工作面法线偏离光轴截面的角度，用 γ_A 表示。

C 棱差：凡是屋脊棱镜，其屋脊棱在通过屋脊棱的标准位置并垂直于屋脊角平分面的平面内相对标准位置的偏转角，也就是屋脊棱偏离光轴截面的角度，用 γ_C 表示。

基准棱的选定原则：以入射面和出射面交棱为基准棱，若入射面和出射面平行或重合，则入射面和第一个反射面交棱为基准棱。图中基准棱用 A 表示。

对有制造误差的棱镜，应把垂直基准棱且包含入射光轴的平面理解为棱镜的光轴截面。

分析与棱差关系时，假设无光轴截面内角度误差，$\theta_{\mathrm{I}}=0$。

令光线垂直入射面入射（因基准棱为入射面和另一工作面交棱，故光轴也垂直于基准棱），然后追迹光线至出射前，求其和出射面法线间夹角。

A 棱差使反射面法线偏离光轴截面，C 棱差使屋脊棱偏离光轴截面，从而使光线偏离光轴截面。

应该指出,表2-1和表2-2不仅适用于反射棱镜,而且适用于平面镜系统。由表2-1很容易找到单个反射面的极值轴向,由表2-2很容易找到屋脊面的极值轴向。A棱差恰是使反射面绕其$\boldsymbol{\nu}$轴旋转,C棱差恰使屋脊棱绕两屋脊面构成的双面镜的$\boldsymbol{\nu}$轴旋转。由表中像偏转极值公式,得

$$\delta_A = 2\gamma_A\cos\alpha_0 \tag{7-3}$$

$$\delta_C = 2\gamma_C\cos\beta_0 \tag{7-4}$$

式中:δ_A为A棱差产生的光轴偏离角;δ_C为C棱差产生的光轴偏离角;α_0为反射面光轴入射角;β_0为入射到屋脊面的光轴和屋脊棱的夹角。

利用式(7-3)和式(7-4)可逐面追迹光轴,求出θ_{II}与棱差关系。

如图7-8(b)所示的列曼屋脊棱镜LIII_j-0°,光线垂直入面入射,AD面法线在光轴截面内,光线经其反射不会离开光轴截面。又经CD面反射,由于A棱差存在使CD面法线偏离光轴截面,光线经其反射后偏离光轴截面,$\delta_A = 2\gamma_A\cos60° = \gamma_A$。

如无C棱差,光轴经屋脊面后偏离方向变号(上偏变为下偏,下偏变为上偏)。有了C棱差,使光线又增加一偏离量,$\delta_C = 2\gamma_C\cos60° = \gamma_C$。

又知出射面CD法线偏离光轴截面γ_A角,因光线和法线相对,故

$$\theta_{\mathrm{II}} = -\gamma_A + \gamma_C + \gamma_A = \gamma_C$$

上面分别用两种不同方法分析了θ_{I}与光轴截面内角度误差、θ_{II}与棱差的关系,实际上两种方法可通用。

2. 棱镜光轴截面内角度误差、棱差与像偏转关系

1)光轴截面内角度误差、棱差与像倾斜关系

(1)光轴截面内角度误差与像倾斜关系。

无论是反射面,还是屋脊面,光轴截面内角度误差均使其绕它的$\boldsymbol{\omega}$轴旋转,故不产生像倾斜。

(2)棱差与像倾斜关系。

反射面及屋脊面的$\boldsymbol{\upsilon}$轴和$\boldsymbol{\nu}$轴重合,棱差使它们分别绕其$\boldsymbol{\upsilon}$轴旋转,由表6-1和表6-2中像偏转极值公式,得

$$\mu_{x'_A} = 2\gamma_A\sin\alpha_0 \tag{7-5}$$

$$\mu_{x'_C} = 2\gamma_C\sin\beta_0 \tag{7-6}$$

式中:$\mu_{x'_A}$为A棱差产生的像倾斜;$\mu_{x'_C}$为C棱差产生的像倾斜。

利用式(7－5)和式(7－6)可逐面追迹光轴,求得棱差产生的像倾斜。

例 图7－8(b)所示列曼屋脊棱镜 $\mathrm{L}Ⅲ_j=0°$ 由棱差产生的像倾斜为

$$\mu'_{x'}=\mu_{x'_A}+\mu'_{x'_C}=2\gamma_A\sin60°+2\gamma_C\sin60°=\sqrt{3}(\gamma_A+\gamma_C)$$

2) 光轴截面内角度误差、棱差与光轴偏的关系

光轴偏转表示光轴经棱镜折转后与正确出射方向的偏差角,可分解为两互相垂直的分量:一是在光轴截面内的折转,称为"z'光轴偏",用 δ'_{I} 表示;二是垂直光轴截面的偏转,称为"y'光轴偏",用 δ'_{II} 表示。显然 δ'_{I} 与光轴截面内角度误差有关,δ'_{II} 与棱差有关。设 $X'Y'$ 平面和光轴截面重合,则

$$\delta'_{\mathrm{I}}=\mu'_{z'}$$

$$\delta'_{\mathrm{II}}=\mu'_{y}$$

在推导光轴截面内角度误差、棱差与光学不平行度 θ 关系时,已追迹光轴至出射前,只要求出光线经出射面折射后的方向,即可得出光轴偏。因此,计算制造误差产生的光轴偏转必需考虑出射面法线偏差的影响。

(1) 光轴截面内角度误差与光轴偏折 δ'_{I} 的关系。

$$\delta'_{\mathrm{I}}=\mu'_{z'}=n\theta_{\mathrm{I}}+\Delta\omega_{\mathrm{I}} \tag{7－7}$$

式中:$\Delta\omega_{\mathrm{I}}$ 为出射面法线在光轴截面内的偏差角。

注:有少数棱镜使用时光轴不垂直入射面入射,如道威棱镜 DI－0°、四棱镜 DⅡ－90°等。此类棱镜光轴偏折 $\delta'_{\mathrm{I}}=\mu'_{z'}=\dfrac{\sqrt{n^2-\sin^2 i_0}}{\cos i_0}\theta_1+\Delta\omega_{\mathrm{I}}$。式中,$i_0$ 为光轴在入射面的折射角。

(2) 棱差与光轴偏离 δ'_{II} 的关系。

$$\delta'_{\mathrm{II}}=\mu'_{y'}=n\theta_{\mathrm{II}}+\Delta\omega_{\mathrm{II}}$$

式中:$\Delta\omega_{\mathrm{II}}$ 为出射面法线在垂直光轴截面方向的偏差角。

3. 屋脊角误差与双像差关系

屋脊角误差指两屋脊面夹角误差,用 δ 表示。屋脊角误差会使一束平行光经屋脊面发射后变成互相间夹一定角度的两束平行光,因而在成像面形成双像。这种由屋脊角误差而产生的双像夹角值称为双像

差，用字母 S 表示。双像差 S 与屋脊角误差 δ 关系为

$$S = 4n\delta\cos\alpha_0 \tag{7-8}$$

式中：α_0 为屋脊棱镜垂面与入射至屋脊面光轴间夹角。

4. 反射棱镜角度公差给定

反射棱镜角度公差在图纸技术条件一栏中要标注 θ_{I}、θ_{II}、$\Delta\varphi$、δ。

$\Delta\varphi$ 是出射面和入射面间角度误差。因为反射棱镜是要求将光轴改变固定角度，$\theta_{\mathrm{I}} = \theta_{\mathrm{II}} = 0$ 只能保证棱镜可以展成平行平板玻璃，即入射光轴垂直入射面，出射光轴时垂直出射面，$\Delta\varphi \neq 0$，就无法保证此固定角度。

反射棱镜允许的色散可按平行平板玻璃色散式(7-9)计算。

$$\delta'_{CF} = (n_F - n_C)\theta \tag{7-9}$$

平行平板玻璃位于光学系统不同位置时产生的色散 δ'_{CF} 和光轴偏 δ' 如表 7-2所列。

表 7-2 平行玻璃板位于不同位置时 θ 与 δ'_{CF} 和 δ' 的关系式

平行玻璃位置	角度关系式	
	按色散考虑	按光轴偏考虑
物镜前	$\theta = \dfrac{\delta'_{CF}}{\Gamma(n_F - n_C)}$	$\theta = \dfrac{\delta'}{\Gamma(n-1)}$
物镜与分划板间	$\theta = \dfrac{\delta'_{CF}}{l(n_F - n_C)}$	$\theta = \dfrac{\delta' f'_{目}}{l(n-1)}$
目镜后	$\theta = \dfrac{\delta'_{CF}}{(n_F - n_C)}$	$\theta = \dfrac{\delta'}{n-1}$
注：l 值取近似中间值，即平行玻璃板中点至分划面距离；Γ 为系统视放大倍率；$f'_{目}$ 为目镜焦距		

根据系统分配给平行玻璃板的 δ'_{CF} 和 δ'，即可按表 7-2 计算 θ 的公差。

反射棱镜可以展成平行玻璃板，它具有平行玻璃板的某些特性，但绝不能将反射棱镜完全视为平行玻璃板，两者是有差别的，如角度误差产生的光轴偏转计算公式就和平行玻璃板不一样，同时它还有诸如像倾斜、双像差等特殊问题，这一点必须充分注意。

1）光轴截面内角度误差、棱差及光学不平行度的公差给定

（1）一般来讲，制造误差产生的像偏转可以在装校时用位置误差产生的像偏转补偿，这时只按色散给定公差即可。由于色散只和光学不平行度有关，等于图纸上只给 θ 的公差，但为了不使棱镜形状变化太大，对出、入射面夹角按自由公差予以限制。

（2）由表2－1和表2－2知：斜方棱镜 XⅡ－0°、屋脊棱镜 $DⅡ_J$－180°的特点是绕空间任意轴旋转均不产生像偏转；列曼屋脊棱镜 $LⅢ_J$－0°、别汉屋脊棱镜 FB_J－0°、阿贝屋脊棱镜 FA_J－0°、普罗棱镜 FP_J－0°等的特点是绕空间任意轴旋转均不产生像倾斜。如果系统中只有一块这类棱镜，这时是无法用位置误差产生的像倾斜去补偿制造误差产生的像倾斜的，因此，必须根据色散及像倾斜两方面要求给定公差。

只有反射棱镜及平面反射镜产生像倾斜，每个零件允许的像倾斜为

$$\mu'_{x'} = \frac{\mu'_{x'总}}{\sqrt{G}}$$

式中：G 为系统中棱镜、平面镜总数。

（3）有极个别情况，系统光轴偏转要求很严，且无调整环节，此时应根据色散、像倾斜及光轴偏转三方面要求给定公差。设系统允许的光轴偏转为 $\delta'_{总}$，且令 $\delta'_{\mathrm{I}总} = \delta'_{\mathrm{II}总}$，则

$$\delta'_{\mathrm{I}总} = \delta'_{\mathrm{II}总} = \frac{\delta'_{总}}{\sqrt{2}}$$

$$\begin{cases} \delta'_{\mathrm{I}} = \dfrac{\delta'_{\mathrm{I}总}}{\sqrt{K}} \\ \delta'_{\mathrm{II}} = \dfrac{\delta'_{\mathrm{II}总}}{\sqrt{K}} \end{cases} \tag{7-10}$$

式中：δ'_{I} 为每个零件允许的光轴偏折对系统光轴偏折的贡献；δ'_{II} 为每个零件允许的光轴偏离对系统光轴偏离的贡献。

棱镜在系统中的位置不同，由它制造误差产生的色散及像偏转（像倾斜和光轴偏转）贡献不同，表7－3列出这种不同关系式。

表 7-3　棱镜色散和像偏转与制造误差的关系

棱镜位置 \ 关系式 \ 考虑条件	考虑棱镜色散	考虑像偏转	
		光轴偏转	像倾斜
物镜前	$\theta=\dfrac{\delta'_{CF}}{\Gamma(n_F-n_C)}$	$n\theta_{\mathrm{I}}+\Delta\omega_{\mathrm{I}}=\dfrac{\delta'_{\mathrm{I}}}{\Gamma}$ $n\theta_{\mathrm{II}}+\Delta\omega_{\mathrm{II}}=\dfrac{\delta'_{\mathrm{II}}}{\Gamma}$	$\mu'_{x'}=F(\gamma_A\cdot\gamma_C)$
物镜分划板间	$\theta=\dfrac{\delta'_{CF}\cdot f'_{目}}{l(n_F-n_C)}$	$n\theta_{\mathrm{I}}+\Delta\omega_{\mathrm{I}}=\dfrac{\delta'_{\mathrm{I}}\cdot f'_{目}}{l}$ $n\theta_{\mathrm{II}}+\Delta\omega_{\mathrm{II}}=\dfrac{\delta'_{\mathrm{II}}\cdot f'_{目}}{l}$	$\mu'_{x'}=F(\gamma_A\cdot\gamma_C)$
目镜后	$\theta=\dfrac{\delta'_{CF}}{(n_F-n_C)}$	$n\theta_{\mathrm{I}}+\Delta\omega_{\mathrm{I}}=\delta'_{\mathrm{I}}$ $n\theta_{\mathrm{II}}+\Delta\omega_{\mathrm{II}}=\delta'_{\mathrm{II}}$	$\mu'_{x'}=F(\gamma_A\cdot\gamma_C)$
注：$\mu'_{x'}=F(\gamma_A\cdot\gamma_C)$表示像倾斜是棱差的函数，每个棱镜的具体关系式可按本节介绍的方案求得；l为棱镜光轴长度中点到分划面距离			

2）屋脊角公差给定

屋脊角误差产生的双像差允许值，根据道威判断人眼分辨率约为60″，取$S'\leqslant 50''$计算。

棱镜位于物镜前：

$$S=\frac{S'}{\Gamma} \tag{7-11}$$

棱镜位于物镜与分划板间：

$$S=\frac{Sf'_{目}}{\dfrac{L_J}{n}+l'_{F'}} \tag{7-12}$$

式中：$l'_{F'}$为棱镜出射面至分划面距离；L_J为棱镜展开成平行玻璃板后，光轴与屋脊棱交点至平行玻璃板出射面距离。

最后公式为

$$S=4n\delta\cos\alpha_0 \tag{7-13}$$

7.2.3 63 式 8× 炮队镜棱镜角度公差给定及装校方案

63 式 8× 炮队镜光路如图 7－9 所示。

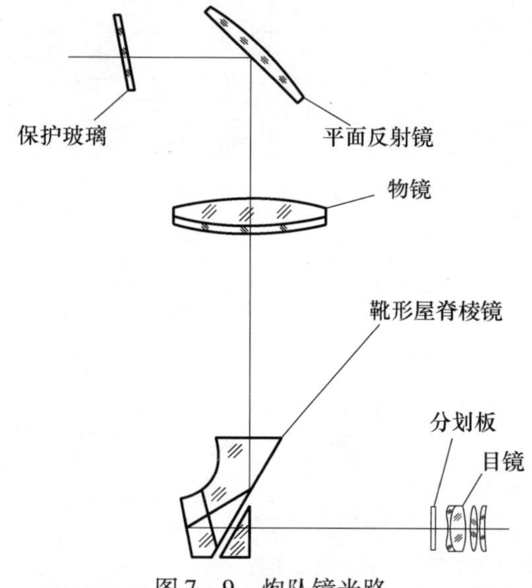

图 7－9 炮队镜光路

1. 靴形屋脊棱镜 $FX_J-90°$ 角度公差给定

1）光学不平行度及出、入射面角度公差给定

本炮队镜允许用位置误差产生的像偏转补偿制造误差产生的像偏转，可只按色散给定公差。

系统中可能产生色散的零件有保护玻璃、物镜、目镜和棱镜，$K=4$，设系统允许的像方色散为 0.5′，由式（7－9）和表 7－2 得靴形屋脊棱镜 $FX_J-90°$ 允许的色散为

$$\delta'_{CF}=\frac{\delta'_{CF总}}{\sqrt{K}}=\frac{0.5}{\sqrt{4}}=0.25$$

此棱镜位于物镜与分划板间，由表 7－3 查得

$$\theta=\frac{\delta'_{CF}f'_{目}}{l(n_F-n_C)}$$

已知 $f'_{目}=20.2\text{mm}$

$$l=78.58\text{mm}$$

$$n_F-n_C=806\times10^{-5}$$

代入上式，得

$$\theta=8'$$

令 $\theta_{\mathrm{I}}=\theta_{\mathrm{II}}$，则

$$\theta_{\mathrm{I}}=\theta_{\mathrm{II}}=\frac{\theta}{\sqrt{2}}=5'6''$$

由上面计算，光学不平行度公差可给定为

$$\begin{cases}\theta_{\mathrm{I}}=\pm5'\\ \theta_{\mathrm{II}}=\pm5'\end{cases}$$

由于此棱镜为复合棱镜，当两棱镜组合时，其空气隙有棱角也会产生色散，为此，可通过控制棱镜的出射面和入射面的垂直度及有关角度保证空气隙的平行度，对组合后的出射面和入射面垂直度允差提出 $\pm3'$ 的技术要求。

2）屋脊角公差给定

取系统目方允许的双像差 $S'\leqslant90''$，由式（7-12），有

$$S=\frac{S'f'_{\text{目}}}{\dfrac{L_J}{n}+l_{F'}}$$

将 $f'=20.2\text{mm}$、$L_J=19\text{mm}$、$n=1.5163$、$l_{F'}=45.8\text{mm}$ 代入，得

$$S=31.2''$$

再由式（7-8），得

$$\delta=\frac{S}{4n\cos\alpha_0}=\frac{31.2''}{4\times1.5163\times\cos15^\circ}=5.32''$$

工艺上采用光胶垫板和立方体光胶法可以保证这个精度。

2. 装校方案讨论

这里讨论光轴（严格来讲应是视轴或瞄准轴，考虑习惯上如此称呼，故仍称光轴，但应注意并非应用光学中所定义的光轴）及像倾斜的调校。

调校中对光轴偏转及像倾斜最敏感的元件是平面镜和棱镜。平面镜位于平行光路中，棱镜位于会聚光路中。就像倾斜而言，无论是平行光路还是会聚光路，计算公式都是一样的。但光轴偏转计算两者却有

很大差异。若平面镜或棱镜位于平行光路中，系统的光轴偏转只与它们产生的光轴偏转有关；但当平面镜、棱镜位于会聚光路中时，系统的光轴偏转应根据像点在分划面的位移计算，而像点位移除与零件的旋转有关外，尚与零件的移动有关，即算起来比较麻烦。因此，炮队镜最好是用平面镜校光轴，用棱镜校像倾斜。下面就现行的装校方案进行分析，并讨论改进的方法。

目前炮队镜装校时是通过调整平面镜初校光轴，然后用棱镜校像倾斜，最后再用平面镜精校光轴。

平面镜位于平行光路中，分析起来比较简单，这里就不赘述了，只研究棱镜在调校过程中的一些问题。

图 7－10 所示为炮队镜棱镜的光轴截面。装校时靠调整螺钉Ⅰ、Ⅱ来校正像倾斜；调整螺钉Ⅰ时，棱镜绕螺钉Ⅱ、Ⅲ连线 $\boldsymbol{P}_1$ 转动；调整螺钉Ⅱ时，棱镜绕螺钉Ⅲ、Ⅰ连线 $\boldsymbol{P}_2$ 转动。$\boldsymbol{P}_1$ 和 $\boldsymbol{P}_2$ 共面，在光轴截面上方 8.3mm 处。图中 $\boldsymbol{P}_1'$ 和 $\boldsymbol{P}_2'$ 为 $\boldsymbol{P}_1$ 和 $\boldsymbol{P}_2$ 在光轴截面上投影。$\boldsymbol{P}_1'$ 和出射光轴夹角为 64°36′$\boldsymbol{P}_2'$ 与出射光轴夹角为 45°。

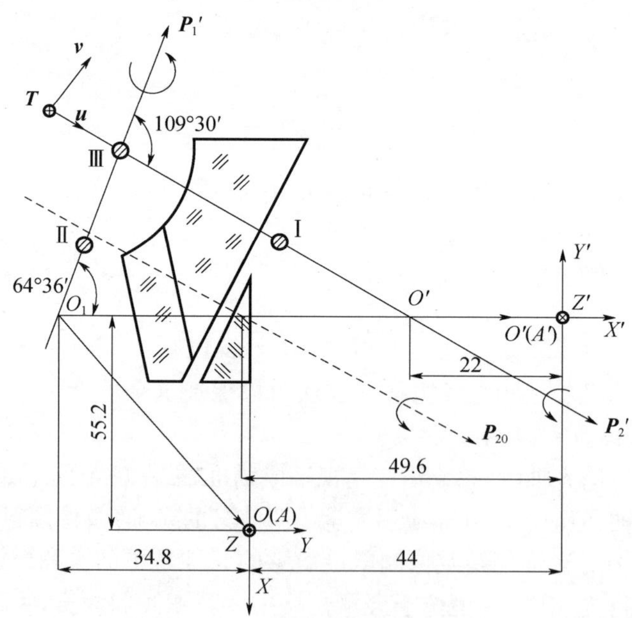

图 7－10 炮队镜棱镜光轴截面

调整棱镜校像倾斜，但同时产生像点位移。图中根据表 2－2 画出棱镜的两个极值轴向 $\boldsymbol{\mu}$、$\boldsymbol{\nu}$ 和 $\boldsymbol{T}$。下面分别计算绕 $\boldsymbol{P}_1$ 轴和 $\boldsymbol{P}_2$ 轴旋转产生的像倾斜和像点位移。

（1）绕 $\boldsymbol{P}_1$ 轴旋转 $\Delta\alpha$ 角。

① 像倾斜计算：

由图知 $\varphi_1 = 109°36'$，代入式（2－24），得

$$\mu'_{x'} = \mu'_{x'_{\max}}\cos\alpha = 2\Delta\alpha\cos45°\cos109°36' = -0.474\Delta\alpha$$

此结果说明棱镜按图示方向（绕 $\boldsymbol{P}_1$ 轴右旋）转一微小角度 $\Delta\alpha$，像绕出射光轴左旋 $0.474\Delta\alpha$ 角。

② 像点位移计算：

求轴上像点（也是像坐标的原点）位移即可，用 A' 表示，与之共轭的物点用 A 表示。

设 $\boldsymbol{P}_1$ 轴和出射光轴 X' 上方的平行轴交于 O_1 点，以 O_1 点为原点作一直角坐标 $O_1X'Y'Z'$，和像坐标 $X'Y'Z'$ 同向，由 O_1 点分别向 A 点和 A' 点引连线 $\boldsymbol{O_1A}$ 和 $\boldsymbol{O_1A'}$，则

$$\boldsymbol{A} = \boldsymbol{O_1A};\boldsymbol{A'} = \boldsymbol{O_1A'}$$

图中因 O_1 点在图面上方，只画出 O_1 点在图面上投影 O'_1。显然 $\boldsymbol{A}$ 和 $\boldsymbol{A'}$ 在 $O_1X'Y'Z'$ 坐标内标定分别为

$$\boldsymbol{A} = (i'j'k')\begin{pmatrix} A_{x'} \\ A_{y'} \\ A_{z'} \end{pmatrix} = (i'j'k')\begin{pmatrix} 34.8 \\ -55.2 \\ 8.3 \end{pmatrix} = 34.8i' - 55.2j' + 8.3k'$$

$$\boldsymbol{A'} = (i'j'k')\begin{pmatrix} A'_{x'} \\ A'_{y'} \\ A'_{z'} \end{pmatrix} = (i'j'k')\begin{pmatrix} 78.8 \\ 0 \\ 8.3 \end{pmatrix} = 78.8i' + 8.3k'$$

由式（2－9），知

$$\Delta\boldsymbol{A'} = (\boldsymbol{RO} - \boldsymbol{O'})\Delta\alpha\boldsymbol{P}$$

又知

$$\boldsymbol{R} = \begin{pmatrix} 0 & -1 & 0 \\ 1 & 0 & 0 \\ 0 & 0 & -1 \end{pmatrix}$$

由式(2－26)及式(2－27)知

$$\boldsymbol{O}=\begin{bmatrix}0 & 8.3 & 55.2\\ -8.3 & 0 & 34.8\\ -55.2 & -34.8 & 0\end{bmatrix}$$

$$\boldsymbol{O}'=\begin{bmatrix}0 & 8.3 & 0\\ -8.3 & 0 & 78.8\\ 0 & -78.8 & 0\end{bmatrix}$$

由图知

$$\boldsymbol{P}_1=(i'j'k')\begin{pmatrix}P_{1x'}\\ P_{1y'}\\ P_{1z'}\end{pmatrix}=(i'j'k')\begin{pmatrix}\cos64°36'\\ \sin64°36'\\ 0\end{pmatrix}=\cos64°36'i'+\sin64°36'j'$$

将以上数据代入式(2－9),得

$$\begin{pmatrix}\Delta A'_{x'}\\ \Delta A'_{y'}\\ \Delta A'_{z'}\end{pmatrix}=\begin{pmatrix}-3.9\Delta\alpha\\ -11.1\Delta\alpha\\ 126.3\Delta\alpha\end{pmatrix}$$

(2) 绕 $\boldsymbol{P}_2$ 轴转 $\Delta\alpha$ 角。

① 像倾斜计算:

$\boldsymbol{P}_2$ 轴恰为最大像倾斜方向($\boldsymbol{\mu}$ 轴),由表 2－2 直接查得

$$\mu'_{x'}=\mu'_{x'_{\max}}=2\Delta\alpha\cos45°=\sqrt{2}\Delta\alpha$$

② 像点位移计算:

仍求轴上像点 $\boldsymbol{A}$ 的位移,此时

$$\boldsymbol{O}=\begin{bmatrix}0 & 8.3 & 55.2\\ -8.3 & 0 & -22\\ -55.2 & 22 & 0\end{bmatrix}$$

$$\boldsymbol{O}'=\begin{bmatrix}0 & 8.3 & 0\\ -8.3 & 0 & 22\\ 0 & -22 & 0\end{bmatrix}$$

$$P_2 = \frac{\sqrt{2}}{2}i' - \frac{\sqrt{2}}{2}j'$$

代入式(2 -9),得

$$\begin{pmatrix} \Delta A'_{x'} \\ \Delta A'_{y'} \\ \Delta A'_{z'} \end{pmatrix} = \begin{pmatrix} 11.7\Delta\alpha \\ 0 \\ 39.0\Delta\alpha \end{pmatrix}$$

(3) 讨论。

通过上面分析计算可以看出以下 3 点:

① P_1 轴和 P_2 轴校正像倾斜的同时均产生像点位移,所以校完像倾斜后必须精校光轴。

② 用 P_2 轴校像倾斜敏感,因为它是最大像倾斜方向,而且由计算结果知产生的像点垂轴位移也比较小,但产生的像点沿轴位移比较大,会导致像的模糊和视差。

③ 找到一个调整轴,用它校像倾斜时不产生像点位移。结论是可以的。仔细分析计算过程发现,用 P_2 轴校像倾斜产生像点沿轴位移的原因是此轴不在光轴截面内,若将其移至截面内,则像点沿轴位移 $\Delta A'_{x'} = 0$。同时,若使 $A_{x'} + A'_{x'} = -A_{y'} = 55.2\text{mm}$,像点沿轴位移也可等于零($\Delta A'_{z'} = 0$)。所以,将 P_2 轴平移至光轴截面内,且和 X' 轴交于 -49.6mm处(如图中虚线所示的 P_{20} 轴)即可达到校像倾斜不产生像点位移的目的。如果结构上允许,最好将调整轴旋在这个位置上,好处是校完像倾斜后不用再精校光轴了。

7.3 共轴反射系统和离轴反射系统

共轴反射系统有卡塞格林系统、RC 系统、格利高里系统和牛顿系统等,优点是全光谱、无色差,缺点为:视场小、有中心遮拦、杂散光大。为保持优点克服其缺点,20 世纪出现了离轴反射系统。

7.3.1 离轴反射系统

离轴反射系统是从共轴反射系统发展起来的。离轴是光束照射到共轴系统的不同部位，从而有效克服了共轴系统的缺点，特别是扩大了视场。

最早出现的离轴三反系统，它扩大了线视场（20°左右），用于推扫系统。用离轴四反系统，可进一步扩大线视场（作者设计的离轴四反系统可达 60°，已申报专利），其实也可扩大面视场，用于凝视系统。

离轴反射系统不足之处是光束斜入射，系统横向尺寸大，特别是含有制冷红外 CCD（CMOS）时，冷屏是孔径光阑，这个问题更为突出。

7.3.2 离轴反射系统的设计、加工、检验和装调的指导思想

任何一个光学系统，必须有这样的理念，设计者应懂得加工、检验和装调，这样设计出来的光学系统，才会工艺性好，成本低。对于离轴反射系统更是如此。同样，加工、检验和装调技术人员也要懂设计，即四者之间要相互了解。

由于离轴反射系统是在光轴反射系统基础上发展起来的，特别应强调的是各反射面球心应在一条直线上，不能因 CODD 和 Zemax 软件功能强大，把球心偏离和发射面倾斜均作为变量进行设计，这样会造成加工、装调非常困难，即设计者应根据需求控制优化函数，而不是跟着优化函数跑。

7.3.3 轴对称非球面的基础知识

由于离轴反射系统经常采用轴对称非球面，故下面对轴对称非球面的一些基础知识进行简述。

1. 二次圆锥曲面

经常用式（7－14）求二次圆锥面的焦点，有

$$y^2 = 2R_0x - (1 - e^2)x^2 \tag{7-14}$$

式中：R_0 为曲面顶点曲率半径；e 为曲面偏心率。

二次圆锥曲面如图 7－11 所示。

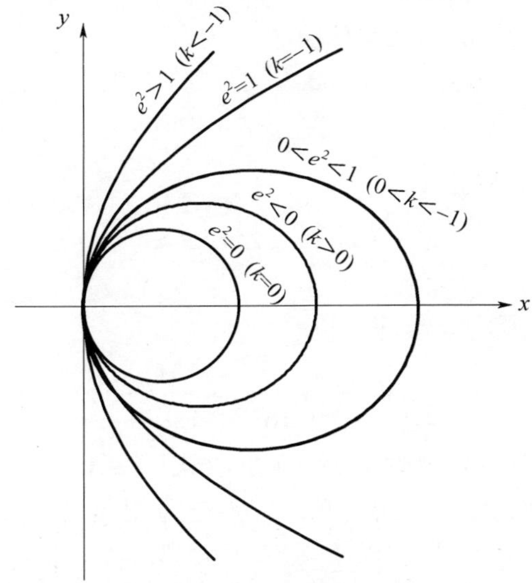

图 7－11　二次圆锥曲面

Zemax 程序中，用 $k = -e^2$ 表示。

$$x = \frac{cy^2}{1 + \sqrt{1 - (k+1)c^2y^2}} \tag{7-15}$$

式中：x 为口径为 y 时的矢高；$c = \frac{1}{R_0}$为曲面顶点曲率。

此外，Zemax 程序中还有式(7－16)。

$$x = \frac{cy^2}{1 + \sqrt{1 - (k+1)c^2y^2}} + a_1y^2 + a_2y^4 + a_3y^6 + \cdots \tag{7-16}$$

即在二次圆锥曲面基础上加偶数高次项。应指出实际优化时应令 $a_1 = 0$，因其前面一项恰为式(7－15)，已含有二次项。

由图 7－11 知二次圆锥曲面性质如下：

圆：$e^2 = 0$　$(k = 0)$

抛物面：$e^2 = 1$　$(k = -1)$

双曲面：$e^2 > 1$　$(k < -1)$

椭圆：$0 < e^2 < 1$　$(0 < k < -1)$

扁圆：$e^2<0 \quad (k>0)$

2. 偏心率为零的偶次非球面

偏心率 $e=0$，即为圆，则矢高

$$x=R-\sqrt{R^2-y^2} \tag{7-17}$$

用曲率表示，则

$$x=\frac{cy^2}{1+\sqrt{c^2y^2}} \tag{7-18}$$

式(7－17)展成级数，得

$$x=\frac{y^2}{2R}+\frac{y^4}{8R^3}+\frac{y^6}{16R^5}+\frac{5y^8}{128R^7}+\cdots \tag{7-19}$$

只取第一项即为抛物面，将其换成式(7－15)则为二次圆锥曲面。选用圆锥面就不要加高项，应优先选用偏心率为零的偶次非球面。

偏心率为零的偶次非球面也可写为

$$x=R-\sqrt{R^2-y^2}+b_4y^4+b_6y^6+b_8y^8+\cdots \tag{7-20}$$

式(7－20)即为偏心率为零的偶次非球面的解析式，$b_4y^4+b_6y^6+b_8y^8+\cdots$为非球面度，可用 xx 表示。

3. 离轴三反系统的设计原则

常用的离轴三反系统因其加工、装调难度大，人们为此花费了不少心血，如加工和检验时用的补偿器设计、计算机辅助装调等。其实最根本的是设计理念，为此提出以下建议。

(1) 次镜尽量采用球面，并为孔径光阑。因其为凸透镜，检验时补偿器设计难度大，加工困难，装调时以次镜为基准。

(2) 主镜和第三镜一般为凹面($R<0$)，最好采用偏心率为零的偶次非球面。

(3) 如主镜和第三镜用圆锥曲面，偏心率尽量小，最好$|k|\leqslant 5$；选用偏心率为零的偶次非球面的话，非球面度尽量小。

(4) 如有可能主镜选用抛物面，可用汉德球检验，不用重新设计补偿器。

(5) 选用圆锥曲面就不要加高项，优先选用偏心率为零的偶次非球面。由图 7-12 可以看出:凹面 $k<0$,凸面 $k>0$,加工比较容易。

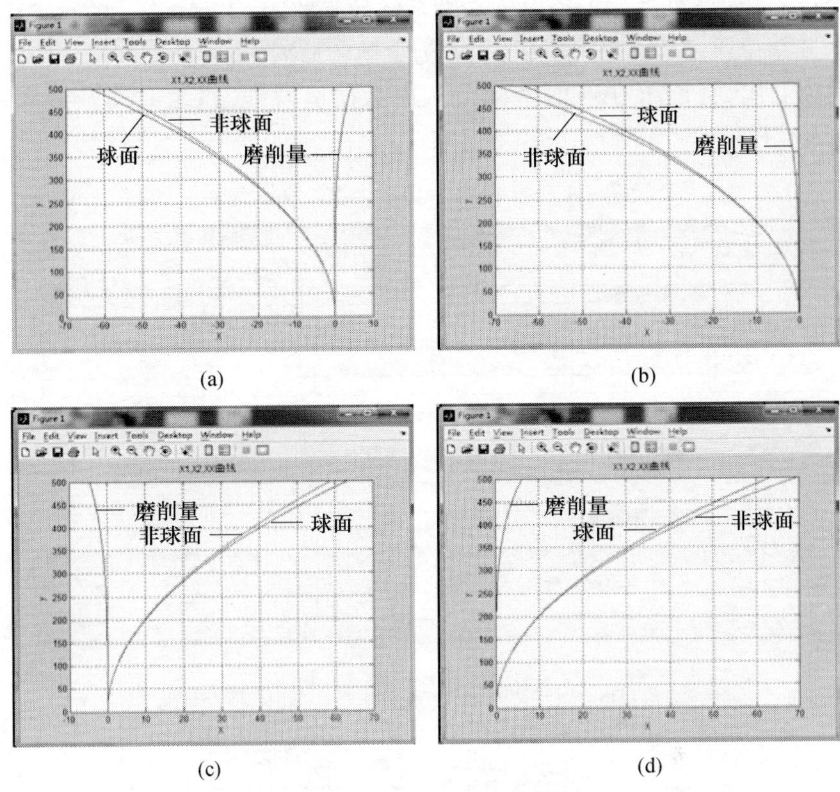

图 7-12　非球面矢高和磨削量

(a) $R=-2000\text{mm}, k=-5$ (凹面);(b) $R=-2000\text{mm}, k=5$ (凸面);
(c) $R=2000\text{mm}, k=-5$ (凹面);(d) $R=2000\text{mm}, k=5$ (凸面)。

7.3.4　实例

1. 推扫离轴三反光学系统

技术指标:

焦距:$f'=2000.03\text{mm}$

相对孔径:$\dfrac{D}{f'}=\dfrac{1}{8}$

视场:$2\omega=17°\times0.2°$

光学系统结构参数如表 7－4 所列。上面为曲率半径等，下面为高次项系数，彩图 7－13 给出该光学系统的光路图、点列图、点扩散函数和调制传递函数 MTF，彩图 7－14 为主镜的面形、矢高及磨削量。由图可以看出，它们可在球面基础上从边缘往里磨削，边缘磨削量最大，为 0.24442mm。

表 7－4　推扫离轴三反光学系统参数

Lens Data Editor

Edit Solves Options Help

	Surf:Type	Radius	Thickness		Glass	Semi-Diameter	Conic
OBJ	Standard	Infinity	Infinity			Infinity	0.000000
1*	Standard	Infinity	1323.000000			760.757066	0.000000
2*	Even Asphere	-4264.880000	-1153.480000		MIRROR	547.271592	0.000000
STO*	Standard	-1362.450000	1153.480000	P	MIRROR	62.633615	0.000000
4*	Even Asphere	-1973.180000	-1391.166759	V	MIRROR	513.483584	0.000000
IMA*	Standard	Infinity	-			331.182489	0.000000

Lens Data Editor

Edit Solves Options Help

	Surf:Type	Conic	Par 0(unused)	Par 1(unused)	Par 2(unused)		Par 3(unused)	
OBJ	Standard	0.000000						
1*	Standard	0.000000						
2*	Even Asphere	0.000000		0.000000	2.687608E-012	V	-5.481706E-020	V
STO*	Standard	0.000000						
4*	Even Asphere	0.000000		0.000000	-3.152075E-012	V	-1.265005E-018	V
IMA*	Standard	0.000000						

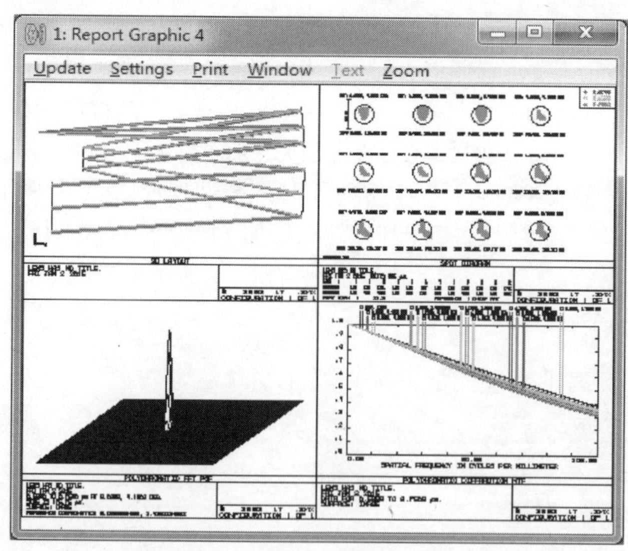

图 7－13　光路图、点列图、点扩散函数和调制传递函数 MTF

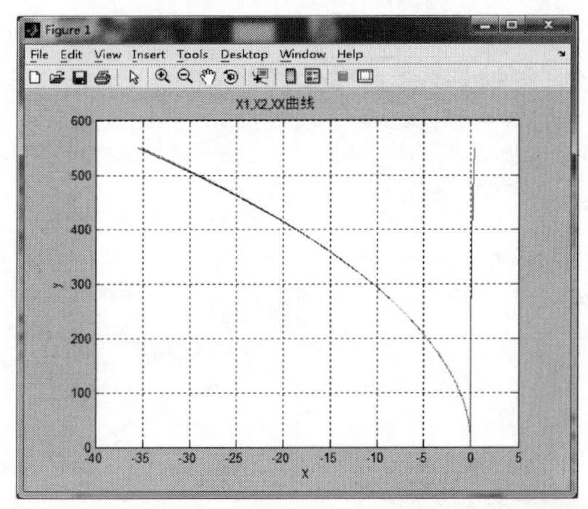

图 7－14　主镜的面形、矢高及在球面基础上加工的磨削量

2. 凝视离轴三反光学系统

技术指标：

焦距：$f' = 1000\text{mm}$

相对孔径：$\dfrac{D}{f'} = \dfrac{1}{8}$

视场：$2\omega = 8^\circ \times 6^\circ$

凝视离轴三反光学系统结构参数如表 7－5 所列。彩图 7－15 给出该光学系统的光路图、点列图、点扩散函数 PSF 和调制传递函数 MTF。图 7－16 所示为凝视离轴三反像面尺寸。

表 7－5　凝视离轴三反光学系统参数

Lens Data Editor

Edit Solves Options Help

	Surf:Type	Radius	Thickness	Glass	Semi-Diameter	Conic
OBJ	Standard	Infinity	Infinity		Infinity	0.000000
1*	Standard	Infinity	600.000000		403.380889	0.000000
2*	Even Asphere	-2184.680000	-559.940000 V	MIRROR	293.287974	0.000000
STO*	Standard	-704.220000	559.940000 P	MIRROR	32.000000 U	0.000000
4*	Even Asphere	-1021.090000	-750.000000 V	MIRROR	266.792350	0.000000
IMA*	Standard	Infinity	-		188.362948	0.000000

Lens Data Editor

Edit Solves Options Help

	Surf:Type	Conic	Par 0(unused)	Par 1(unused)	Par 2(unused)	Par 3(unused)
OBJ	Standard	0.000000				
1*	Standard	0.000000				
2*	Even Asphere	0.000000		0.000000	2.336811E-011	-4.118260E-018
STO*	Standard	0.000000				
4*	Even Asphere	0.000000		0.000000	-2.162624E-011	-3.781612E-017
IMA*	Standard	0.000000				

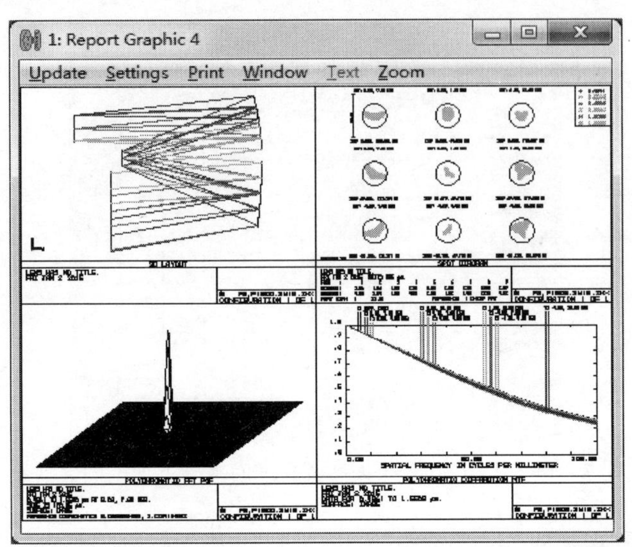

图 7－15　凝视离轴三反光路图、点列图、点扩散函数 PSF 和调制传递函数 MTF

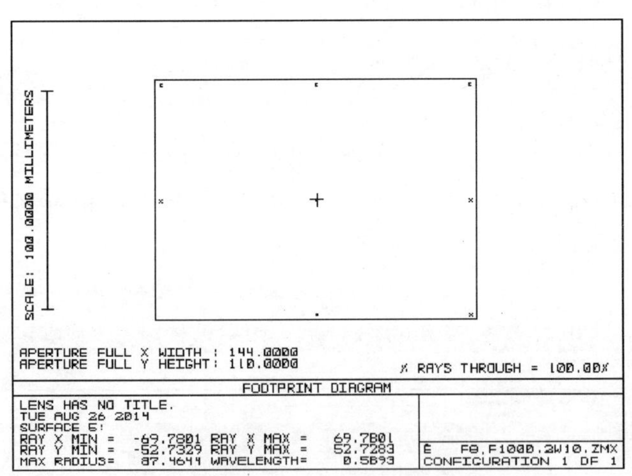

图 7－16　凝视离轴三反像面尺寸

彩图 7－17 分别为主镜的面形、矢高及磨削量。由图可以看出，它们可在球面基础上从边缘往里磨削，边缘磨削量最大，为 0.17426mm。当然，用现代加工机床加工时，亦可根据式（7－17）编程进行磨削和抛光。显然，比图 7－12 所示 $k=\pm5$ 的圆锥面的磨削量小得多，加工难度也小得多。采用圆锥面时，k 的绝对值一般应小于 5，以减小加工难度。

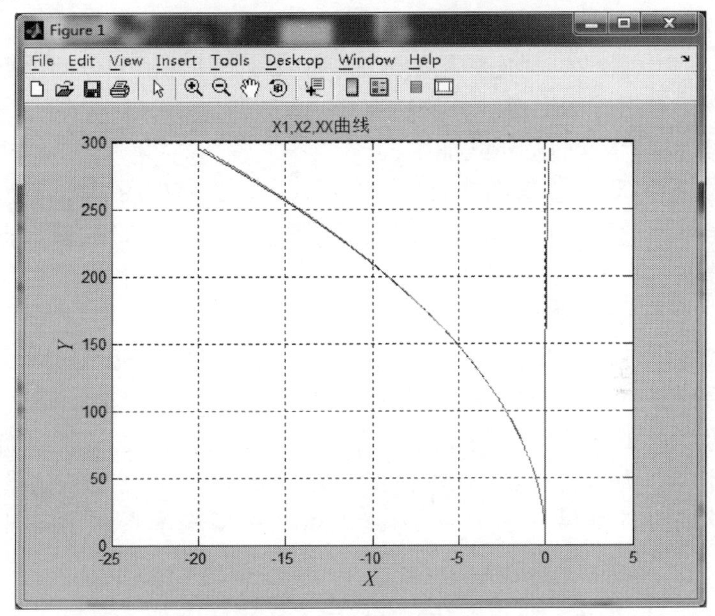

图 7－17　凝视离轴三反主镜的面形、矢高及磨削量

图 7－14 和图 7－17 中，黑色为球面矢高 x_1、红色为非球面矢高 x_2、蓝色为在球面基础上加工时的磨削量 xx（$xx=x_2-x_1$）。

7.3.5　离轴三反光学系统加工、检验和装调

1. 离轴三反光学系统加工

离轴三反光学系统多采用非球面，其非球面度是加工的关键。非球面和球面的矢高差 xx 又和口径 D 与曲率半径 R 的比值 D/R 有关。离轴三反光学系统 D/R 比共轴反射光学系统 D/R 大，这给加工增加了难度。

1）在球面基础上加工

起始球面：加工非球面时选择的基础球面。

（1）起始球面半径与非球面顶点曲率半径相同，即等于理想球面

半径，边缘磨削量最大。

（2）起始球面与非球面在最大口径处相切，中心磨削量最大。

（3）起始球面与非球面在顶点相切且和最大口径处接触，兼顾中心和磨削量边缘。

应指出，无论选择何种起始球面，加工后必须保证非球面顶点曲率半径等于理想球面半径。

2）根据非球面解析式加工

式(7－15)是二次圆锥曲面的解析式，式(7－20)是偏心率为零的偶次非球面的解析式。将解析式编成程序，输入数控机床，便可直接加工非球面。

2. 非球面检验

次镜用球面，加工用球面样板检验。主镜和第三镜为非球面检验要复杂得多，首先要设计补偿器，在干涉仪上检验。

球面加工和检验是同步进行的。补偿器的设计是非球面加工的重要环节。为节省篇幅，这里只给出凝视离轴三反光学系统的主镜补偿器的设计结果。表7－6为凝视离轴三反光学系统主镜补偿器参数。

表7－6　凝视离轴三反光学系统主镜补偿器参数

Lens Data Editor

Edit Solves Options Help

Surf	Type	Radius	Thickness		Glass	Semi-Diameter	
OBJ	Standard	Infinity	Infinity			0.000000	
1	Standard	Infinity	1250.000000			295.000000	
STO	Even Asphere	-2184.680000	-900.000000		MIRROR	295.000000	
3*	Standard	765.600000	-14.770000		ZF7	56.000000	U
4*	Standard	405.500000	-0.500000			57.000000	U
5*	Standard	-74.300000	-22.250000		ZF7	48.000000	U
6*	Standard	-49.770000	-14.270000			36.500000	U
7*	Standard	-105.200000	-22.040000		ZF7	36.000000	U
8*	Standard	-765.600000	-31.260000			31.000000	U
9*	Standard	-83.720000	-21.930000		ZF7	16.200000	U
10*	Standard	-13.335000	-82.588328	M		8.000000	U
IMA	Standard	Infinity	-			1.294360E-005	

图7－18为补偿器波差、球差、点扩散函数PSF和调制函数MTF。

凝视离轴三反光学系统主镜 $b_4=2.336811E^{-011}$，$b_6=-4.11826E^{-018}$，非球面度较小，加工较容易。建议把 b_4 和 b_6 代入式(7－20)，编成程

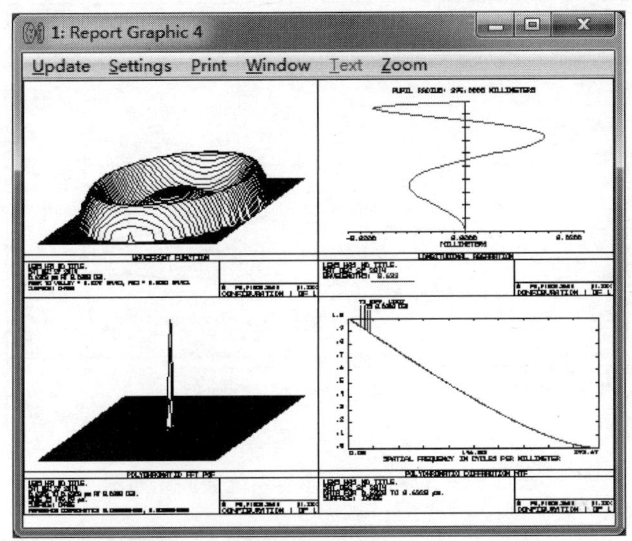

图 7－18　主镜补偿器波差、球差、PSF 和 MTF

序输入数控机床磨削，加工出来的应为理论非球面。在干涉仪上边检验边精磨、抛光，直到面形达到精度要求。

3. 离轴三反光学系统的装调

离轴三反光学系统的装调难度大，为此人们下了不少工夫，甚至提出计算机辅助装校。须知任何事物都要抓住主要矛盾，把复杂尽量简单化。下面以凝视三反光学系统（图 7－19）为例说明其装调过程。

图 7－19 所示凝视三反光学系统装调光路图。

装调步骤如下：

（1）次镜为球面用样板检验后，以其为装调基准。

（2）由于次镜为孔径光阑，其上光斑是圆的。将一平行光管倾斜 4°放在用补偿镜检验好的主镜前，调整主镜，在次镜处观察光斑大小。若圆而规整，和次镜边缘距离相等，如图 7－20 所示，则说明主镜位置正确。

（3）将已用补偿镜检验好的第三镜装上。在像面前放上 ZEGO 干涉仪，在平行光管物镜处换上平面反射镜。观察干涉图，调整主镜，使干涉图最佳。装配完毕。

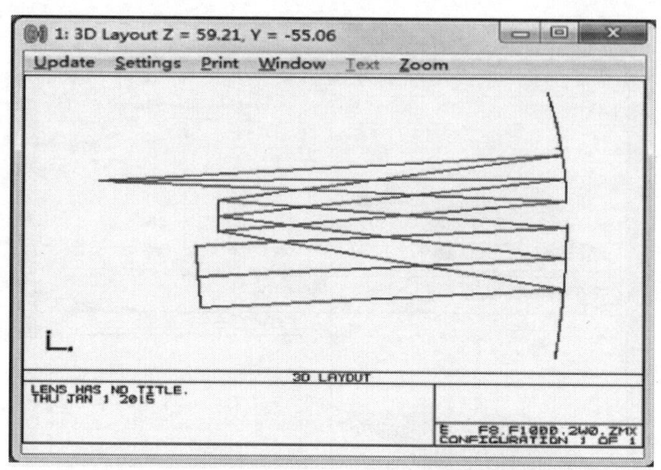

图 7－19　凝视三反光学系统装调光路图

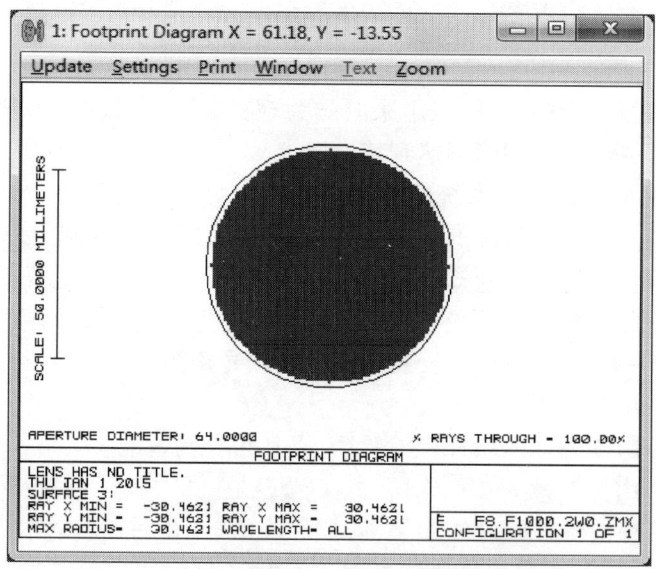

图 7－20　凝视三反光学系统次镜处光斑

参 考 文 献

[1] 中华人民共和国国家标准《反射棱镜》GB 7660.1 ~ 7660.3—87. 北京:中国标准出版社,1987.

[2] 中华人民共和国国家标准《几何光学常用术语、符号》GB 1224—76. 北京:中国标准出版社,1976.

[3] 中华人民共和国国家标准《透镜中心误差》GB 7242—87. 北京:中国标准出版社,1987.

[4] 中华人民共和国国家标准《光学玻璃》GB 903—87. 北京:中国标准出版社,1987.

[5] 王志坚,王鹏,刘智颖. 光学工程原理. 北京:国防工业出版社,2010.

[6] 毛英泰,等. 误差理论与精度分析. 北京:国防工业出版社,1982.

[7] 麦伟麟. 光学传递函数及其数理基础. 北京:国防工业出版社,1979.

[8] 周炳琨. 激光原理. 北京:国防工业出版社,2000.

[9] 潘君骅. 光学非球面设计、加工与检验. 苏州:苏州大学出版社,2004.

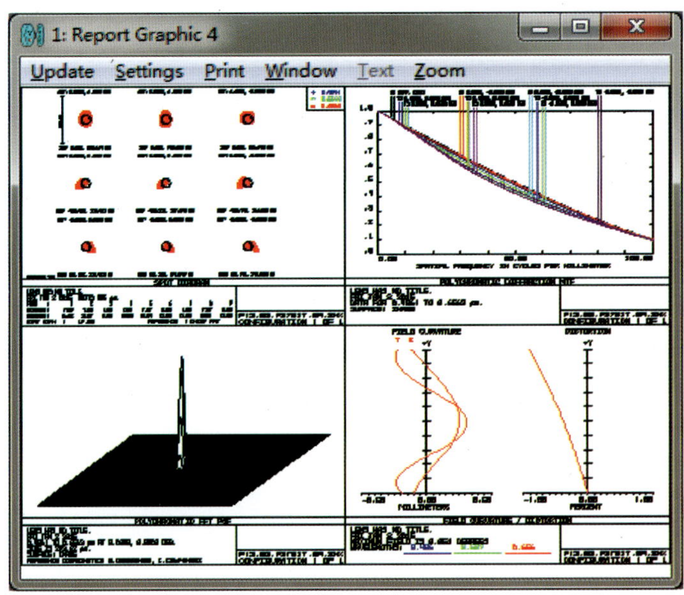

图 3 - 12　点列图、调制传递函数 MTF、点扩散函数及像散畸变曲线

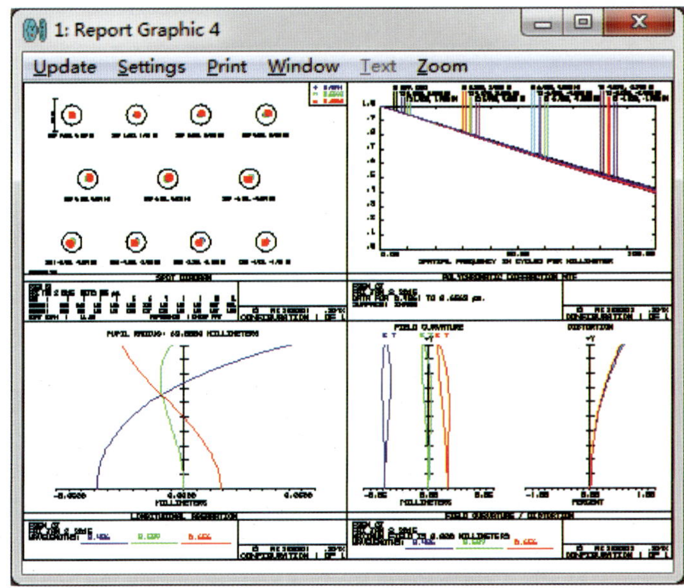

图 3 - 19　点列图以及调制传递函数 MTF 曲线、球差曲线及场曲、像散畸变曲线

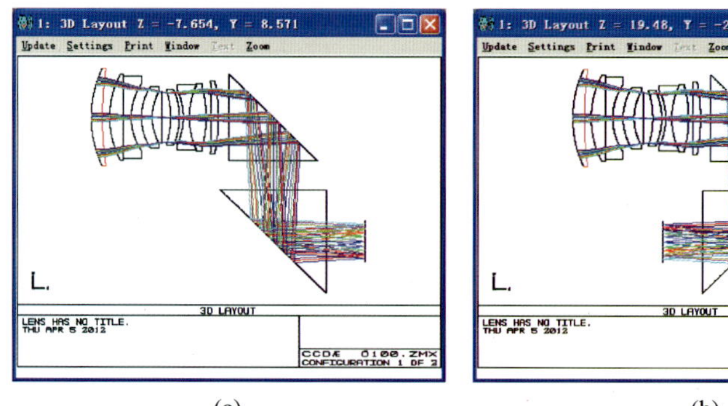

(a) (b)

图 3－23　CCD(CMOS)拼接光路图

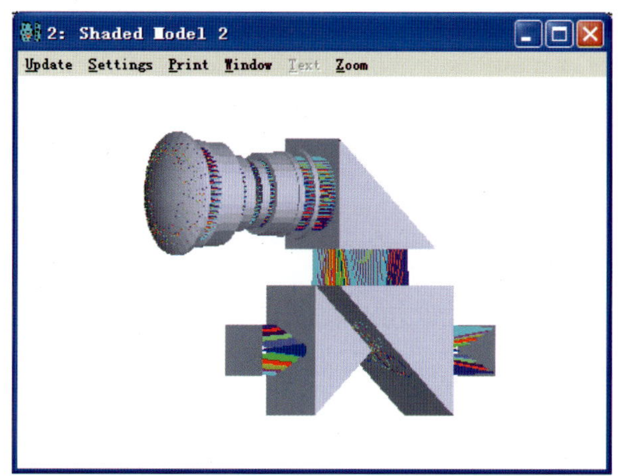

图 3－24　CCD(CMOS)拼接立体图

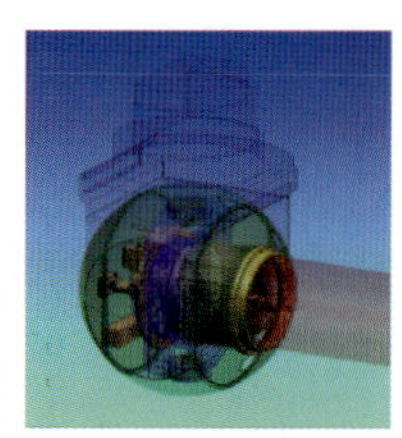

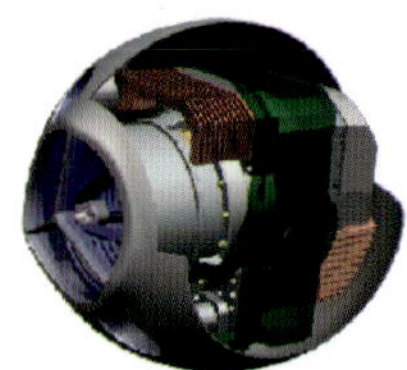

图 4－4　空间激光通信系统

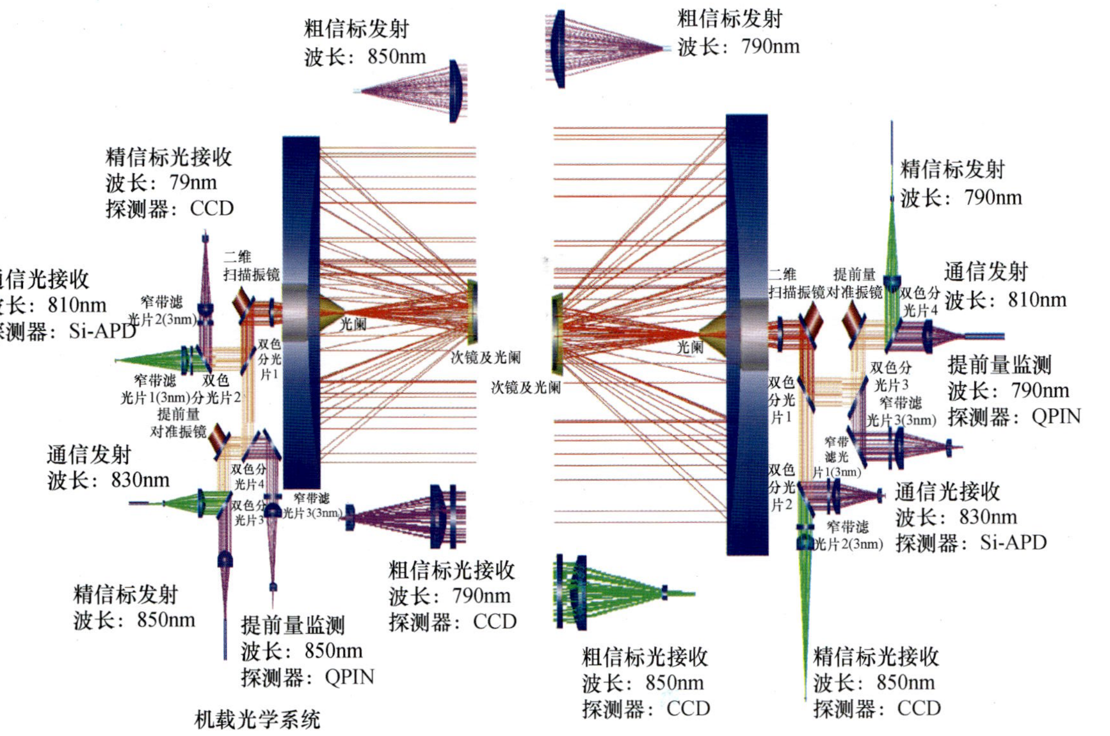

图4-5　空间激光通信光学系统图

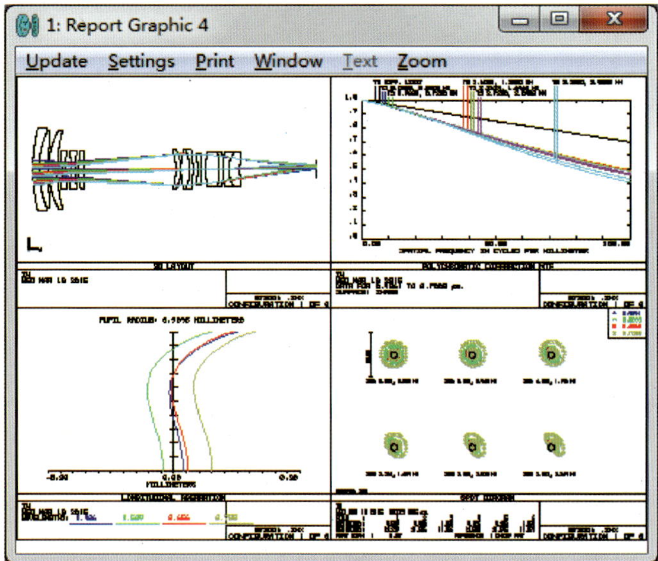

(a)

1: Report Graphic 4
Update Settings Print Window Text Zoom

1: Report Graphic 4
Update Settings Print Window Text Zoom

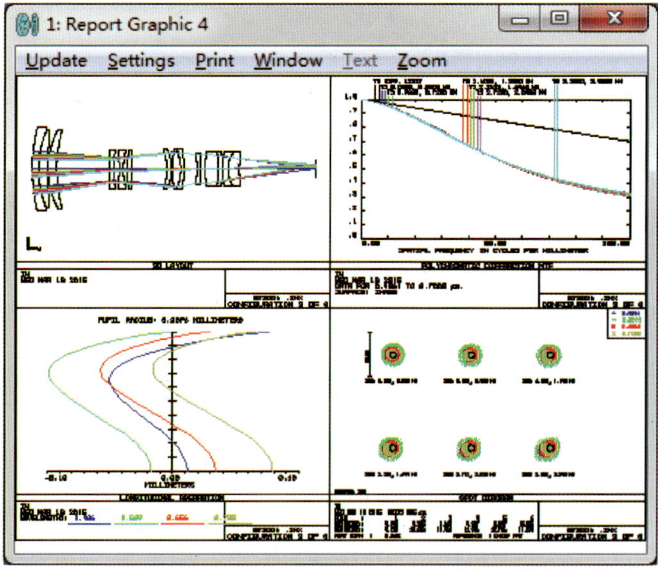

(b)

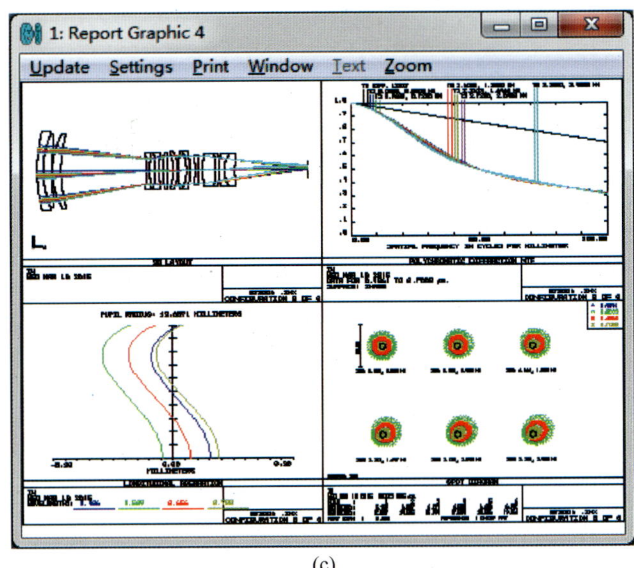

(c)

图 4 - 14　3. 18 倍变焦系统的光学系统图、调制传递函数 MTF 曲线、球差曲线和点列图

(a) 短焦(f' = 30. 5021mm)；(b) 中焦(f' = 63. 3644mm)；(c) 长焦(f' = 97. 0017mm)。

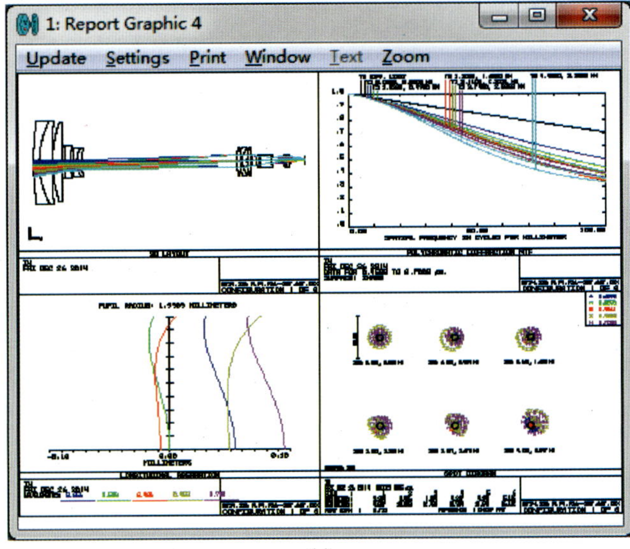

(a)

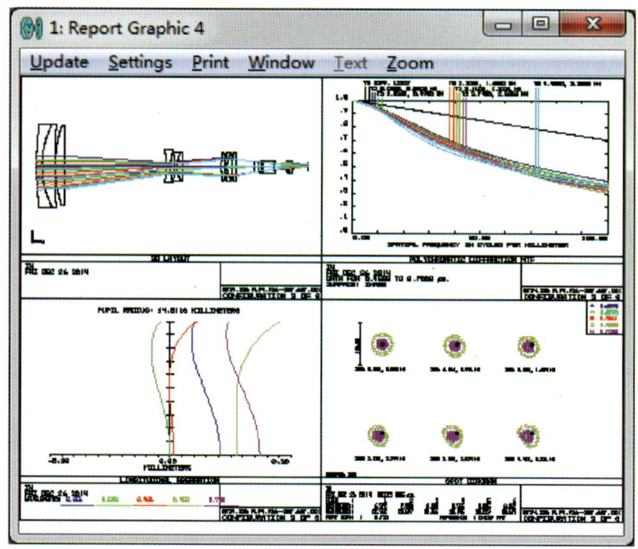

(b)

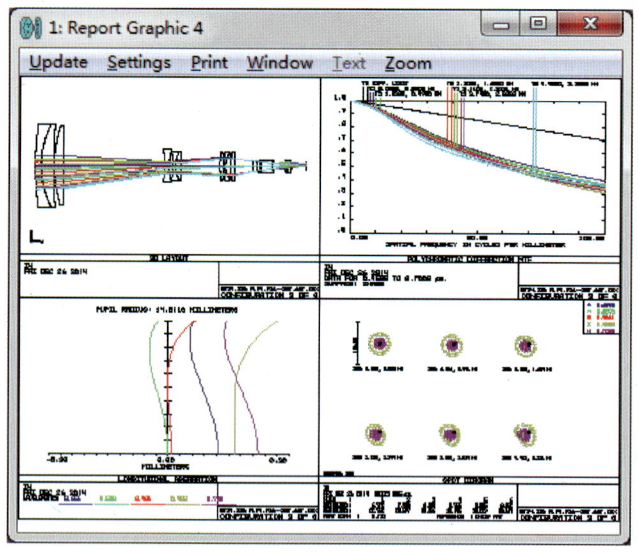

(c)

图 4 – 16　14.22 倍变焦系统的光学系统图、调制传递函数 MTF 曲线、球差曲线和点列图

(a) 短焦(f' = 16.00mm)；(b) 中焦(f' = 114.56mm)；(c) 长焦(f' = 227.66mm)。

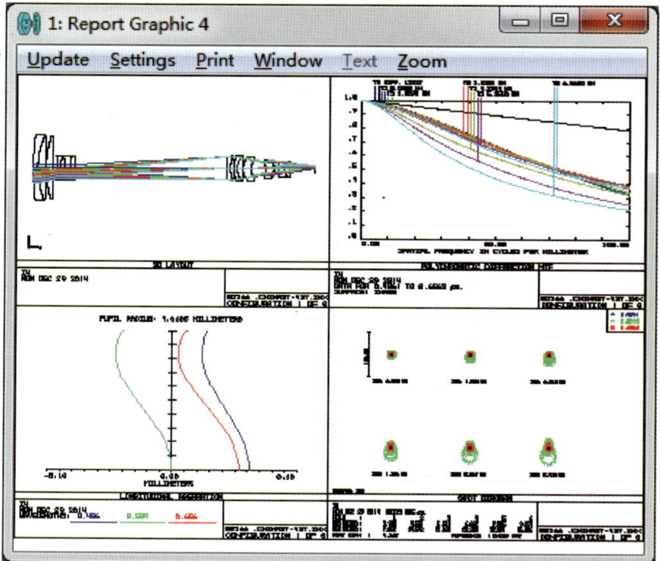

1: Report Graphic 4
Update
Settings
Print
Window
Text
Zoom

1: Report Graphic 4
Update
Settings
Print
Window
Text
Zoom

(a)

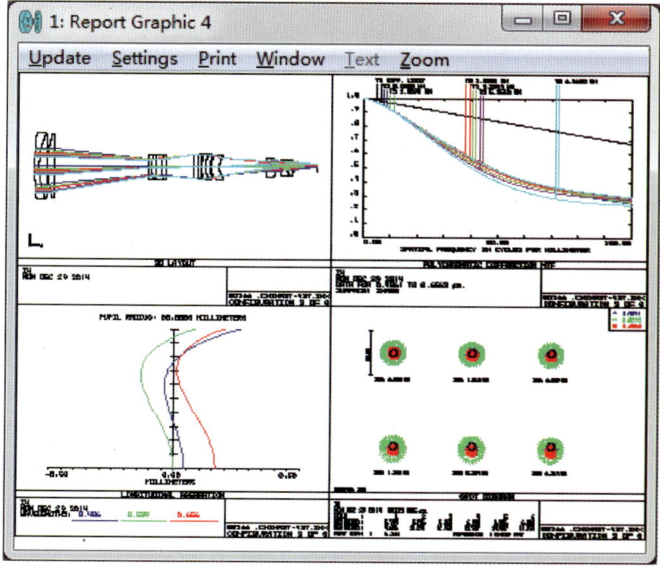

(b)

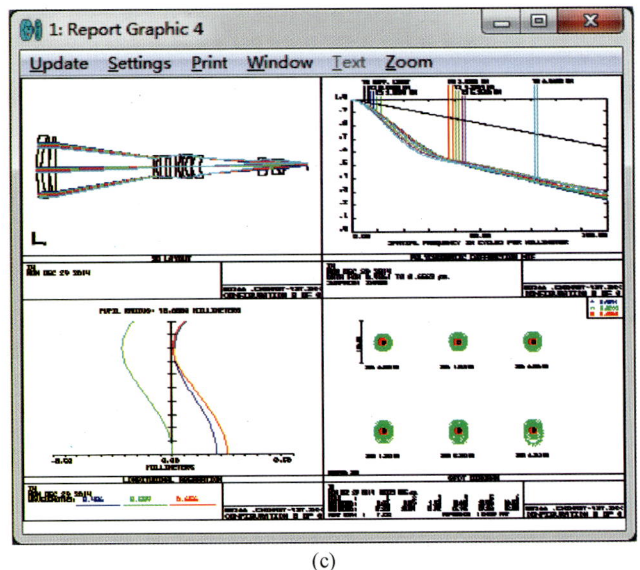

(c)

图 4－18　16 倍变焦系统的光学系统图、调制传递函数 MTF 曲线、球差曲线和点列图

(a)短焦(f'=27.002mm)；(b)中焦(f'=265.196mm)；(c)长焦(f'=437.311mm)。

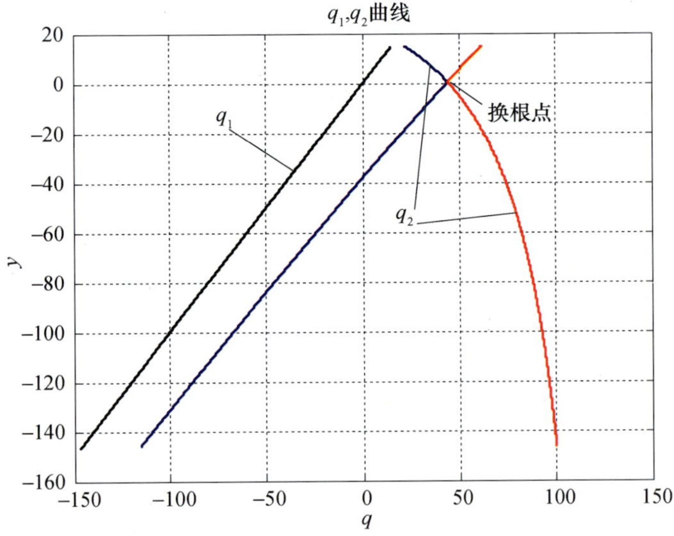

图 4－19　16 倍变焦系统变倍组合补偿组运动曲线

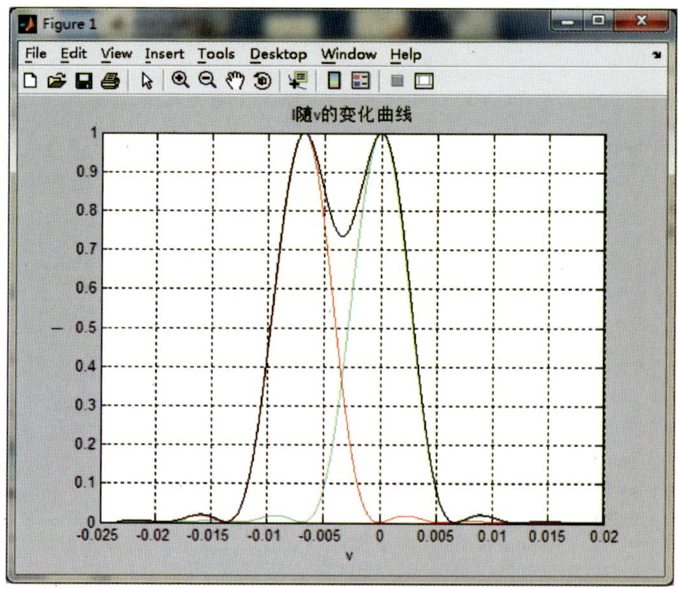

图 4－20　瑞利判断

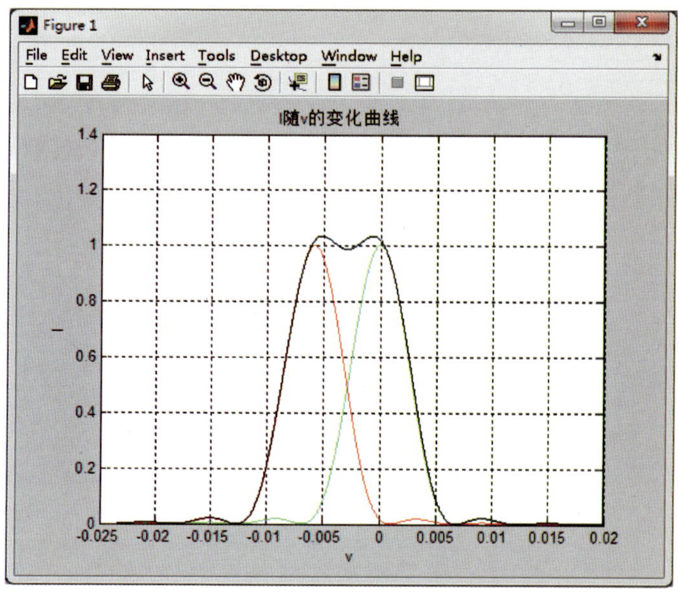

图 4－21　道威判断

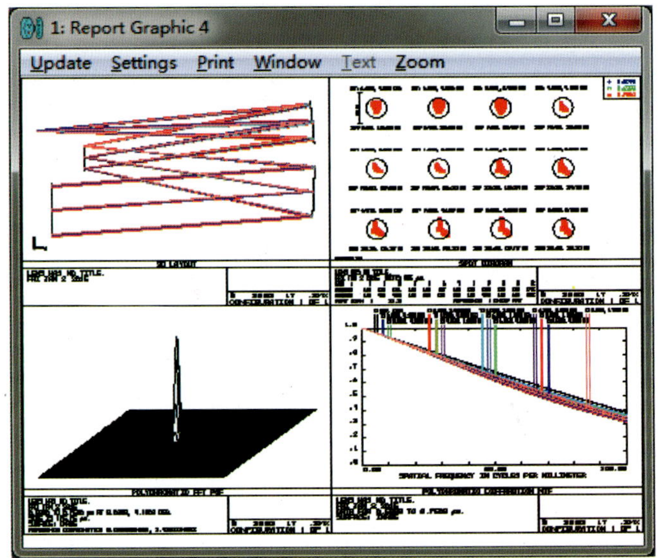

图 7 – 13　光路图、点列图、点扩散函数和调制传递函数 MTF

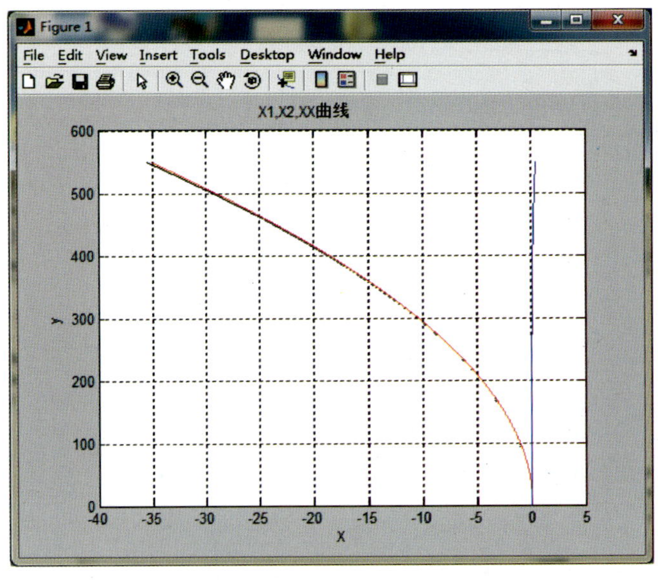

图 7 – 14　主镜的面形、矢高及在球面基础上加工的磨削量

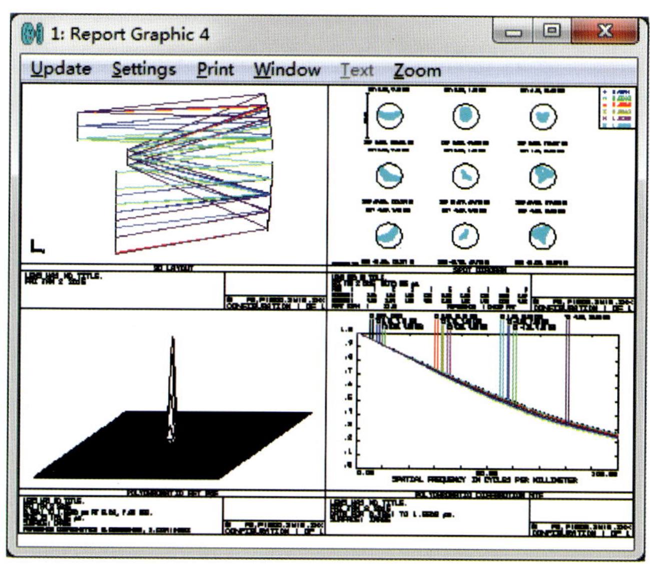

图 7-15　凝视离轴三反光路图、点列图、点扩散函数 PSF 和调制传递函数 MTF

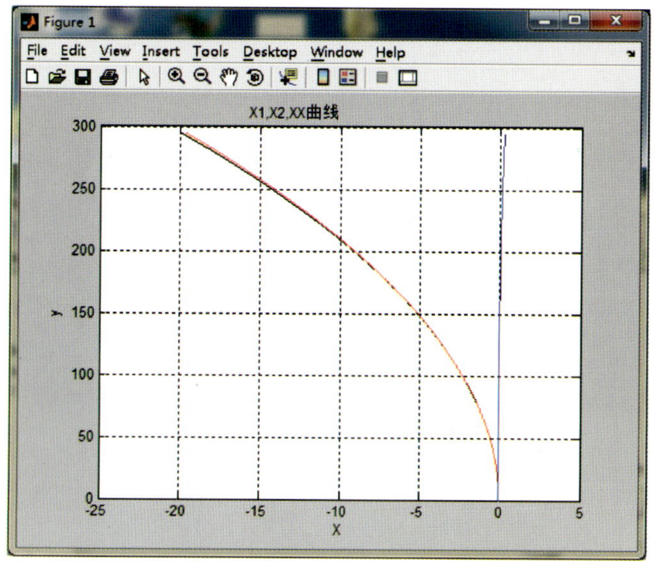

图 7-17　凝视离轴三反主镜的面形、矢高及磨削量